海洋平台轮机系统设计

李德堂　赵春慧　编著

海洋出版社

2016年 · 北京

内 容 简 介

主要内容：本书基于海洋平台轮机系统设计的特点，按照海洋平台的电力供给、测控、轮机各大系统的供给、排放处理、安全消防与管系设计划分为7个章节。包括海洋平台概述及轮机系统设计要求，轮机系统的电力供应、控制、测量与空气注入溢流系统、供给系统、压载排放与处理系统、安全与消防和管系设计等内容。

本书特色：本书依据船舶与海洋平台设计建造现行相关行业标准编写，内容翔实，结构合理。根据海洋平台的特点，将海洋平台的燃油、空气、蒸汽、淡水、通风和海水等主要原料的供应归类到供给系统，将压载水、舱底水、疏排水与生活污水处理等主要系统归类到压载排放与污水处理系统，使读者能更好地掌握海洋平台轮机系统设计的核心内容。

适用范围：本书适合高等院校船舶与海洋工程专业、轮机工程专业及相近专业学生使用，也可作为从事船舶与海洋平台设计、海洋石油开采等相关工程技术与管理人员参考用书。

图书在版编目（CIP）数据

海洋平台轮机系统设计/李德堂，赵春慧编著. —北京：海洋出版社，2016.9
ISBN 978-7-5027-9561-0

Ⅰ.①海… Ⅱ.①李… ②赵… Ⅲ.①海上平台-轮机-系统设计 Ⅳ.①TE951

中国版本图书馆CIP数据核字（2016）第194830号

责任编辑：郑跟娣
责任校对：肖新民
责任印制：赵麟苏
出　　版：海洋出版社
地　　址：北京市海淀区大慧寺路8号
邮　　编：100081
开　　本：787mm×1092mm　1/16
字　　数：300千字
发 行 部：010-6217437（传真）010-62132549
010-6803809（邮购）010-62100077
网　　址：www. oceanpress. com. cn
承　　印：北京朝阳印刷厂有限责任公司
版　　次：2016年9月第1版
印　　次：2016年9月第1次印刷
印　　张：13.25
定　　价：38.00元
本书如有印、装质量问题可与本社发行部联系调换
本社教材出版中心诚征教材选题及优秀作者，邮件发至 hyjccb@ sina. com

浙江海洋大学特色教材编委会

前　言

编写背景

随着我国海洋强国建设战略的推进，加强深海资源勘探与开发，提升深海关键技术与装备研发成为我国“十三五”重点建设领域之一，同时，随着国际海洋工程装备业向亚洲的转移，我国海洋工程装备将迎来历史性发展机遇。因此，深海空间站、大型浮式结构物的开发和工程化，将持续促进海洋平台轮机系统装备迈向高端化。在此背景下，编写一本海洋平台轮机系统设计教材非常必要，不但符合海洋强国战略，而且在国家创新驱动、结构调整、转型升级的大背景下，可使读者能够主动适应充满机遇与挑战的市场形势。

海洋平台经历了不同的发展阶段，由木质平台发展到钢质平台，由固定式平台发展到移动式平台，由浅海平台发展到深海平台，其轮机系统设计也经历了不断发展完善的过程。海洋平台轮机系统除了具有船舶常规的轮机系统，还包括钻井、采油、修井、动力中心及生活服务等复杂系统，系统中每一台设备又可看成是由若干机械、液压、气动、电气、仪器仪表等元器件构成的子系统。海洋平台轮机系统结构复杂、体积庞大、造价昂贵，特别是在海洋环境十分复杂恶劣的情况下，一旦发生安全事故，必将会危及人身安全，给生产活动带来重大经济损失。因此，对海洋平台轮机系统的设计要求尤为重要，不仅要遵循《船舶与海上设施法定检验技术规则》（2008）、国际海事组织（IMO）的《经1978年议定书修订的1973年国际防止船舶造成污染公约》（MARPOL 73/78公约）和《1966年国际载重线公约》及《1974年国际海上人命安全公约》（SOLAS 74公约），还要满足相应的《海上固定平台建造与检验规范》（2004）、《海上移动平台入级规范》（2012）及2013修改通报等国内外相关标准要求。依据船舶与海洋平台设计建造现行相关行业标准，我们编写了这本具有海洋平台特色的、内容翔实的海洋平台轮机系统设计指导用书，为读者提供参考。

主要内容及教学建议

本书共分 7 章，建议学时为 32 学时，各章主要内容及学时分配如下。

第 1 章　海洋平台概述及轮机系统设计要求，2 学时。本章首先介绍海洋平台分类及其应用范围，并以海洋平台为例介绍海上油气田开发工程的特点，在此基础上，提出海洋平台轮机系统设计原则与要求。读者可以通过本章内容的学习，在了解海洋平台所处的环境状况基础上，加深对海洋平台轮机系统设计原则要求的掌握，理解设计指导思想的重要性。

第 2 章　轮机系统的电力供应，2 学时。本章基于机电一体化的设计思想，主要讲述海洋平台发电装置类型及其应用范围。通过本章内容的学习，使读者了解海洋平台配电系统设计需要考虑的主要因素，为海洋平台轮机系统完善可靠的设计奠定基础。

第 3 章　控制、测量与空气注入溢流系统，4 学时。本章重点介绍海洋平台控制、测量和空气注入系统的设计要求，简要介绍海洋平台多种液位遥测装置原理与特点。通过本章内容的学习，使读者能够在海洋平台轮机自动控制系统设计时，合理选用关键技术参数与控制方式。

第 4 章　供给系统，6 学时。本章主要讲述海水、淡水、蒸汽、燃油、通风和压缩空气系统。通过本章内容的学习，使读者掌握海水、淡水、蒸汽、燃油、通风和压缩空气系统的设计要求，熟悉这些管路系统主要设备的工作原理。

第 5 章　压载排放与处理系统，6 学时。本章主要讲述压载水、舱底水、疏排水和生活污水系统。通过本章内容的学习，使读者掌握压载水、舱底水、疏排水和生活污水系统的设计要求，熟悉这些管路系统主要设备的工作原理。

第 6 章　安全与消防，6 学时。本章主要讲述海洋平台的主要灭火系统，包括水灭火系统、二氧化碳灭火系统、泡沫灭火系统、卤化物灭火系统、干粉灭火系统和水雾灭火系统。通过本章内容的学习，使读者掌握消防系统管网与主要设备附件的配置要求，熟悉主要消防系统的工作原理。

第 7 章　管系设计，6 学时。本章主要讲述海洋平台管系设计原则、参数与材料选择、性能计算与保护处理。通过本章内容的学习，使读者掌握管系保护的处理措施与技术要求，熟悉海洋平台管系设计阶段的划分。

适用对象

本书适合高等院校船舶与海洋工程专业、轮机工程专业及相近专业学生使用，也可作为从事船舶、海洋平台设计与生产的相关工程技术人员与管理人员参考用书。

致谢

本书的编著历时两年之多，但基本内容的整理加工却基于编著者长期的科研与教学经验积累。在此，感谢编著者研究生团队积极参与本书的图表编制与素材整理，他们是李达特、张伟、李飞、石晶鑫、吕沁、唐文涛、曹伟男、胡星辰、金豁然、魏卓、张滔和郑开举等同学，感谢在教材使用过程中浙江海洋大学 A12 海洋工程专业全体学生提出的宝贵意见。本书由浙江海洋大学教材出版基金资助出版。最后，在本书出版之际，向所有支持本书出版的同仁表示衷心的感谢！

当然，本书的编写难免有疏漏和不当之处，书中不妥之处，望广大读者给予批评与指正。

李德堂

2016 年 2 月

目　录

第1章 海洋平台概述及轮机系统设计要求

教学目标

1. 了解海洋平台分类及其应用范围。
2. 熟悉海上油气田开发工程特点。
3. 重点掌握海洋平台轮机系统设计原则要求和设计指导思想。

海洋平台是海上油气和矿产资源勘探开发必不可少的装备，包括海上的钻探、集运、观测、导航、施工安装等在内的海洋开发活动都离不开它。本章主要介绍海洋平台分类及其应用范围、海上油气田开发工程特点和海洋平台轮机系统设计要求，着重阐述海洋平台轮机系统设计原则要求和设计指导思想，并简明扼要地说明海洋平台设计应遵循的法规要求、海洋平台的第三方检验与入级取证。

1.1 海洋平台概述

海洋平台是用于海上油气资源勘探、开发的移动式、固定式平台等的统称。利用海洋平台可以在海上进行钻井、采油、集运、观测、导航、施工等活动，它是海上油气勘探开发必不可少的装备。

1.1.1 海洋平台发展历程

随着陆地资源的日益枯竭，石油天然气的开采已经由陆地转移到海洋，而海洋石油天然气的开发也由浅海向深海发展。海洋平台也经历了由木质平台到钢质平台，由固定式平台到移动式平台，由浅海平台到深海平台的发展（图1-1）。目前，在深水油气田开发中，传统的导管架平台和重力式平台正逐步被深水浮式平台和水下生产系统所代替。新的平台不仅要性能优良、甲板面积巨大，而且要有极强的抗风浪能力和适应更广的水深范围，因此，深水油气平台开发与研究正在成为海洋工程科技创新的前沿。

图1-1　海洋平台

1.1.2 海洋平台分类

海洋平台按其结构特性、工作状态可分为移动式平台、固定式平台和半固定式平台。半固定式平台是近年来正在研究中的项目，它既能固定在深水中，又具有可移动性，本书主要介绍移动式平台和固定式平台。

移动式平台主要包括坐底式平台和浮动式平台两类，其中坐底式平台有坐底式平台、自升式平台，浮动式平台有钻井船、半潜式平台等。

固定式平台主要包括桩基式平台和重力式平台两类，其中桩基式平台分导管架型平台和塔架型平台，重力式平台分钢筋混凝土重力式平台和钢重力式平台等。

1. 移动式平台

移动式平台是活动式的平台，能浮于水中或支撑于水底，能从一个井位移到另一个井位。移动式平台按支承情况可分为坐底式平台和浮动式平台，用于海上石油钻探和生产作业等。

1）坐底式平台

坐底式钻井平台是早期的活动平台，是可在浅水区域作业的一种移动式钻井作业平台，又叫沉浮式钻井平台（图1-2）。平台分本体与沉垫，由若干立柱连接平台本体与沉垫，平台上设置钻井设备、工作场所、储藏与生活舱室等。钻井前在沉垫中灌入压载水使之沉底，沉垫在坐底时支承平台的全部重量，而此时平台本体仍需高出水面，不受波浪冲击。在移动时，将沉垫排水上浮，提供平台所需的全部浮力。如属自航者，动力装置都安装在沉垫中。坐底式平台工作水深比较小，适用于水深小于30 m且海底较平坦的浅水域，工作水域越深则所需的立柱越长，结构越重，而且立柱在拖航时升起太高，有一定的危险性。

图1-2 “胜利二号”步行坐底式钻井平台

2）自升式平台

自升式平台是由一个上层平台和数个能够升降的桩腿所组成的海洋平台（图1-3）。这些可升降的柱腿能将平台升到海面以上一定高度，支撑整个平台在海上进行钻井作业。这种平台既要满足拖航移位时的浮性、稳性方面的要求，又要满足作业时着底稳性和强度的要求以及升降平台和升降桩腿的要求。

图 1-3 “胜利作业一号”自升式平台

自升式平台可适用于不同海底土壤条件和较大的水深范围，移位灵活方便，便于建造，得到了广泛的应用，目前，在海上移动式钻井平台中占绝大多数。

3）钻井船

钻井船是设有钻井设备，能在水面上钻井和移位的船，也属于移动式（船式）钻井装置（图1-4）。较早的钻井船是用驳船、矿砂船、油船、供应船等改装的，现在已有专为钻井设计的专用船。目前，已有半潜、坐底、自升、双体、多体等类型。钻井船在钻井装置中机动性最好，但钻井性能却比较差。钻井船与半潜式钻井平台一样，钻井时浮在水面。井架一般都设在船的中部，以减小船体摇荡对钻井工作的影响，且多数具有自航能力。钻井船在波浪中的垂荡要比半潜式平台大，有时要被迫停钻，增加停工时间，所以更需采用垂荡补偿器来缓和垂荡运动。钻井船适于深水作业，但需要适当的动力定位设施。钻井船适用于波高小、风速低的海区。它可以在 600 m 水深的海底上进行探查，掌握海底油、气层的位置、特性、规模、储量，提供生产能力等。

4）半潜式平台

半潜式平台的基本结构和坐底式平台相似，是由坐底式钻井平台演变而来的。它是大部分浮体沉没于水中的一种小水线面的移动式钻井平台，其主要由上部结构（通常安装钻井平台机械操作设备以及物资储备需求和生活舱室等）、下潜体（通常采用条形浮筒式、矩形驳船船体式等形式）以及立柱和斜支撑等结构组成，又称立柱稳定式钻井平台。作业时，下潜体注入压舱水使其潜入水下，拖航时排出压舱水，这时下潜体会浮在水面。半潜式平台的出现克服了坐底式平台、自升式平台、钻井

图 1-4 钻井船

船的不足，使之既能在深水海域工作，又能适应恶劣海况，还能保证平台的稳定性，从而提高作业效率，目前被深海钻井所采用（图 1-5）。

图 1-5 半潜式平台

2. 固定式平台

固定式平台通常是固定在一处不能整体移动。固定式平台的下部由桩、扩大基脚或其他构造直接支撑并固着于海底。

1）钢筋混凝土重力式平台

钢筋混凝土重力式平台主要分上部结构、腿桩和基础 3 部分，是通常依靠自身重量维持稳定的固定式海洋平台。其中基础部分由整体式和分离式组成，整体式基础一般是由多个圆筒形的舱室组成的大沉淀，分离式基础是用多个分离舱室做基础的。

钢筋混凝土重力式平台底部通常是一个巨大的混凝土基础（沉箱），并用3~4个空心的混凝土支柱支撑着甲板结构，这种平台的重力可达数十吨，适用于较深海域，依靠自身的巨大重量，平台直接置于海底（图1-6）。

图1-6　钢筋混凝土重力式平台

2）钢质导管架式平台

钢质导管架式平台一般由上部结构和基础结构组成。上部结构通常由上下层平台甲板或立柱构成。基础结构又叫下部结构，由导管架和桩构成。通过钢桩穿过导管打入海底而固定，并由若干根导管组合成导管架（图1-7），平台设于导管架的顶

图1-7　“胜利中心二号”导管架平台

部，高于作业区的波高，具体高度须视当地的海况而定，一般高出4~5 m，这样可避免波浪的冲击。桩基式平台的整体结构刚性大，适用于各种土质，是目前最主要的固定式平台。但其尺度、重量随水深增加而急骤增加，所以在深水中的经济性较差。

1.1.3 海上油气田的生产环境特点、开发模式及设计要求

海上油气田的生产是将海底油气储藏中的原油或天然气开采出来，经过采集、油气水初步分离与加工、短期的储存、装船运输或经海底管道外输的过程。由于海上油气田开发技术复杂，投资高、风险大，因此其生产、环境和开发模式具有不同特点和要求。

1. 环境特点

海上油气田的自然环境是工程建设重要的设计条件之一，通常包括油田的离岸距离、海域水深、潮汐、风、波浪、流、海冰、地震、雷暴、雨、雪、雾、气温、水温、泥温、海水盐度、腐蚀、海洋生物、海床地形地貌及工程地质等要素。

渤海海域已投产油气田水深5~35 m，海冰和地震是重要的灾害性环境要素，是对渤海海上生产设施设计安装和生产操作影响最大的环境因素。东海海域及南海海域已投产油气田水深30~330 m，夏季台风和冬季寒潮是海上油气田开发工程建设和生产操作的控制环境要素。

2. 开发模式

1） 全海式开发模式

全海式开发模式指钻井、完井、油气水生产处理以及储存和外输均在海上完成的开发模式。海上平台还设有电站、热站、生活和消防等生产生活设施。在距离海上油田适当位置的港口，租用或建设生产运营支持基地，负责海上钻完井期间、建造安装期间和生产运营期间的生产物资、建设材料和生活必需品的供应。常见的全海式开发模式有以下几种。

（1）井口平台+FPSO（Floating Production Storage Offloading System，浮式生产储油外输系统），见图1-8。这是最常见的全海式开发模式，如渤中28-1油田、渤中34-2/E油田、秦皇岛32-6油田、西江23-1油田、文昌13-1/13-2油田、番禺4-2/5-1油田等。

（2）井口中心平台（或井口平台+中心平台）+FSO（Floating Storage Offloading

图 1-8　井口平台+FPSO

System，浮式储油外输系统），见图 1-9，如陆丰 13-1 油田。

图 1-9　井口中心平台+FSO

（3）水下生产系统+FPSO，见图 1-10。水下生产系统已越来越广泛地用于全海式油气田的开发，如陆丰 22-1 油田（一艘 FPSO+水下生产系统，深水边际油气田的开发典范，水深 333 m）。

（4）水下生产系统+FPS（Floating Production System）+FPSO，见图 1-11，如流花 11-1 油田。

（5）水下生产系统回接到固定平台，见图 1-12，如惠州 32-5 油田、惠州 26-1N 油田等。

（6）井口平台+处理平台+水上储罐平台+外输系统，见图 1-13，如埕北油田。这种模式由于水上储罐储量小、造价高，已不适应现代海上油田的开发需要。在我国海域，仅埕北油田一例使用该种模式。

图 1-10　水下生产系统+FPSO

图 1-11　水下生产系统+FPS+FPSO

图 1-12　水下生产系统回接到固定平台

图 1-13　井口平台+处理平台+水上储罐平台+外输系统

（7）井口平台+水下储罐处理平台+外输系统，见图 1-14，如锦州 9-3 油田。

图 1-14　井口平台+水下储罐处理平台+外输系统

2）半海半陆式开发模式

半海半陆式开发模式指钻井、完井、原油生产处理（部分处理或完全处理）在海上平台进行，经部分处理后的油水或完全处理后的合格原油经海底管道或陆桥管道输送到陆上终端，在陆上终端进一步处理后进入储罐储存或直接进入储罐储存，然后通过陆地输油管网或原油外输码头（或外输单点）外输销售的开发模式。常见的半海半陆式开发模式有以下几种。

（1）井口平台+中心平台+海底管道+陆上终端，这是最常见的半海半陆式开发模式，见图1-15，如锦州20-2凝析气田、绥中36-1油田、旅大10-1/5-2/4-2油田、平湖油气田、春晓气田、崖13-1气田、东方11-1气田等。

图1-15　井口平台+中心平台+海底管道+陆上终端

（2）生产平台+中心平台+水下井口+海底管道+陆上终端，见图1-16，如乐东22-1/15-1气田。

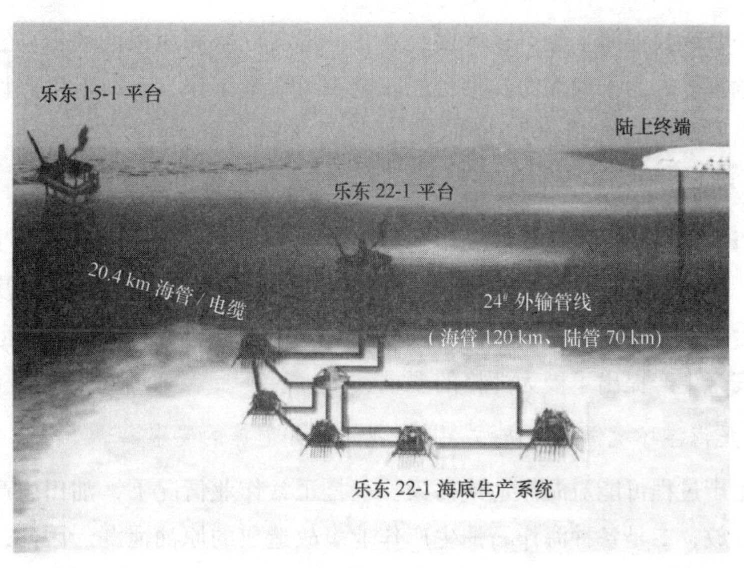

图1-16　生产平台+中心平台+水下井口+海底管道+陆上终端

(3) 井口/中心平台(填海堆积式)+陆桥管道+陆上终端，见图 1-17。这种开发模式一般用于浅海、滩海地区。目前，中国海洋石油总公司所属海上油田尚没有这种开发模式，胜利油田、辽河油田有这种开发模式。

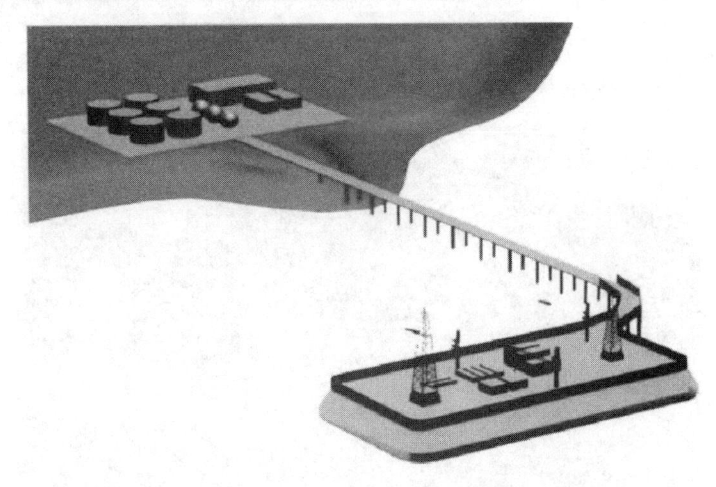

图 1-17　井口/中心平台+陆桥管道+陆上终端

3. 设计要求

海洋平台在设计方面重点考虑以下几方面。

1) 恶劣的气候、风浪、海洋环境及海水腐蚀等的侵害

海上平台或其他海上生产设施要经受各种恶劣气候和风浪的袭击，经受海水腐蚀及地震危害等。为了确保海洋平台能安全和可靠地工作，对海上生产设施的设计和建造提出了严格的要求。

2) 满足人身安全、防止易燃易爆、维护设备正常运行的要求

由于海上采出的油气是易燃易爆的危险品，各种生产作业频繁，发生事故的可能性很大，同时受平台空间的限制，油气处理设施、电气设施和人员住房可能集中在同一平台上，因此，为了保证操作人员的安全，保证生产设备的正常运行和维护，对平台的安全生产提出了极为严格的要求。

3) 满足海洋环境保护、防污、排污及污水处理等的要求

油气生产过程可能对海洋造成污染。一是正常作业情况下，油田生产污水以及其他污水排放；二是各种海洋石油生产作业事故造成的原油泄漏。因此，海上油气生产设施必须设置污水处理设备，还应设置原油泄漏的处理设施。

4）平台布置紧凑，自动化程度高

由于平台大小决定了投资的多少，因此要求平台上的设备尺寸小，效率高，布局紧凑。另外，由于平台上操作人员少，因而要求设备的自动化程度高，一般都设置中央控制系统对海上油气集输和公用设施运行进行集中监控。

5）可靠、完善的生产生活供应系统

海上生产设施远离陆地，从几十千米到几百千米不等，因此必须建立一套完善的后勤供应系统，以满足海上平台的生产和生活需要。

6）独立的供电/配电系统等的要求

海上生产、生活设施的电气系统不同于陆上油田所采用的电网供电方式，海上油气田的生产运行大多采用自发电集中供电的方式。为了保证生产的连续性和生产、生活的安全性，一般还应设置备用电站和应急电站。

1.2 海洋平台轮机系统设计要求

海洋平台相对于船舶更为复杂，尤其是移动式海洋平台，被称为海上移动的城市。轮机工程系统是海洋平台的一个重要组成部分，它是一项现代科学技术和知识综合利用的工程，由各种机电设备和系统相互综合而成，担负着海洋平台的动力和各种二次能源（蒸汽、海淡水和压缩空气等）的供应及提供平台的消防、防污染等功能，因此，海洋平台轮机工程系统的设计对整座平台的技术经济性能和平台的造价有着重要影响。

1.2.1 设计原则要求

（1）营运经济性。应使整个轮机系统的综合经济性设计适度，并配合海洋平台总体性能要求提高全平台的使用作业经济性，降低全平台的生产费用。

（2）可靠性。设备的选用和系统的设计应具有高度可靠性，应有必要的备用或具有一定的冗余度。

（3）操纵性。设备和系统的使用应避免繁复，以使操纵简单、管理方便。

（4）可维性。设备的结构形式和系统管路的布局应使维修方便、简捷。

（5）建造经济性。应减少设备及管系的成本，降低建造成本，工艺合理、施工方便、减少人工费用等。

（6）重量、尺寸指标。应尽可能做到重量轻，机舱所占的长度、容积最小。

（7）振动、噪声指标。应使振动最小、噪声最小，符合有关规定并创造满意的工作和生活条件。

1.2.2 相关法规要求

海洋平台不同于常规船舶，除了要遵循相应入级船级社的《船舶与海上设施法定检验技术规则》（2008）要求，国际海事组织（International Maritime Organization，IMO）的《经1978年议定书修订的1973年国际防止船舶造成污染公约》（MARPOL 73/78公约）和《1974年国际海上人命安全公约》（SOLAS 74公约）以及《1966年国际载重线公约》以外，还要满足相应的《海上固定平台建造与检验规范》（2004）和《海上移动平台入级规范》（2012）及2013修改通报等。

如果海洋平台在某个国家所属的海域中进行作业，还必须满足该国行政主管部门的强制性规定。如果用在没有相应规定的国际海域，则入级船级社可以提供一个能被政府部门、保险公司或其他团体所接受的独立标准。其中，MARPOL 73/78公约和SOLAS 74公约的规范适用范围，可由相应国家的行政主管部门和船旗国决定，但业主/其他团体在前期的技术交底是十分重要的。

1.2.3 设计指导思想

现代海洋平台是一套技术、知识密集型工程，设计过程需要许多专业相互配合。设计内容主要包括总体、结构、舾装、钻井工艺、轮机、电气等，平台还包含了钻井设备、结构、动力装置、生活舱室、消防救生等分系统。所以设计者必须在设计中贯彻系统工程的思想。其主要体现在：依据相关公约、规则、规范、标准，根据平台的技术、性能及特殊要求等，在设计中制定合理有效的施工工艺要求，解决设计中的难点疑点，提高设计的准确率，降低设计的修改率，减少设计的损失率等是设计成功的关键。

1.2.4 设计阶段划分

目前，海洋工程中一般将设计分为初步设计、详细设计、生产设计和完工文件4个阶段进行。

（1）初步设计要求能达到提供合同谈判所需的文件，如主要图纸及说明书、平台设备规格清单等，又称为合同设计阶段。在合同生效后，此阶段中确定的技术要素，在以后的设计过程中一般不允许更改，只能在此基础上进行补充。

（2）详细设计要求提供船舶检验机构所需的图纸及技术文件以及按合同规定送

交业主审查的图纸及技术文件；提供工厂所需的各种订货清单及技术要求。

（3）生产设计要求按工厂生产设计规格要求提供全部生产所需的图纸及技术文件。

（4）完工文件主要是平台建造后完成的图纸及技术文件等。

1.2.5 海洋平台的第三方检验及入级取证

1. 海洋平台的第三方检验

设计方完成海洋平台的设计图纸文件后，除接受设计委托方（业主）的审查外，还要接受第三方的检验，即有资质的第三方对设计图纸文件进行审查并批准，以此作为海洋平台设计建造和安装的第三方保证。同时，第三方检验的程序与结果也可作为平台建造安装过程中的商业保险和最终完工投产验收的重要依据。

第三方检验机构的选择一般由业主通过招标等方式确定。目前可承担中国海域海洋平台第三方检验工作的机构主要有中国船级社（CCS）、英国劳氏船级社（LR）、美国船级社（ABS）、挪威船级社（DNV）、法国船级社（BV）、德国劳氏船级社（GL）及日本海事协会（NK）等。但部分的检验内容，政府法定要求由指定的第三方机构（一般是中国船级社）进行检验，这部分内容主要有消防、救生、通信、应急发电等。

一般情况下，第三方检验的范围，既包括设计审查，还包括平台在建造过程中的检验与审查以及海上施工检验和海上连接的试运转检验等。

设计方根据检验机构的审查意见修改文件及图纸并再次送审。在各个阶段由于各种原因对设计文件做重大修改时，一般也应将修改后的文件提交业主和检验机构批准。检验机构应在获得审查批准的设计文件、图纸上加盖批准章。

2. 海洋平台的入级取证

办理海洋平台的入级业务是指按照有资质可办理入级业务的机构所规定的规则与规范进行了检验与审查，并符合这些规则与规范的要求后，从而被授予该机构所特许的入级符号的过程与结果。

最终的入级（被授予入级证书）一般要在建造完成后，平台的检验报告报送检验机构总部并获得批准后，方能正式获得所颁发的入级证书。入级后的海洋平台在生产过程中一般还应按规定接受各种定期或不定期的检验，从而获得签署并得以继续保持有效入级的批准。

3. 轮机系统的设计送审

以移动式海洋平台为例，根据中国船级社《海上移动平台入级规范》（2012）规定，列出轮机系统的设计送审图纸和资料清单如下，仅供参考。

（1）机舱、锅炉舱布置图。

（2）轮机说明书。

（3）机器设备明细表。

（4）舱底水和压载管系图。

（5）空气管、测量管和溢流管管路图。

（6）主辅机和锅炉燃油供油系统图。

（7）燃油驳运系统图。

（8）主辅机滑油管系图。

（9）主辅机冷却水管系图。

（10）压缩空气管系图。

（11）蒸汽管系图。

（12）凝水和乏汽管系图。

（13）锅炉给水管和锅炉泄放管管路图。

（14）燃油加热管路图。

（15）泄水、进水和排水管路和附件布置图。

（16）燃油、滑油净化系统图。

（17）主辅机/锅炉排气管系图。

（18）机舱/锅炉舱通风管系图。

（19）液压系统图。

（20）管子、阀和附件的材料规格书、强度计算书以及船级社认为必要的图纸和资料。

思考题

1. 简述海洋平台的分类。
2. 简述海上油气田生产的特点。
3. 简述海洋平台轮机系统的设计原则要求。
4. 简述海洋平台轮机系统的设计指导思想。
5. 简述海洋平台轮机系统设计阶段的划分。

第2章　轮机系统的电力供应

教学目标

1. 了解海洋平台发电装置类型及其应用范围。
2. 熟悉海洋平台应急发电机组的作用与选用要求。
3. 掌握海洋平台配电系统设计需要考虑的主要因素。
4. 重点掌握海洋平台配电系统的线制、电压等级和频率选择要求。

海洋平台轮机系统运行离不开电力系统的供应，因此，发电和配电装置必须满足海上油田电器设备所需要的电力。发电和配电装置被称为整个海洋平台的“心脏”，为保障长期不间断供电，海洋平台一般都配有两台以上的主发电机，其中至少一台作为备用，主发电机的燃料一般是天然气或者是柴油。海洋平台的动力设备除了主发电机以外还有应急发电机，应急发电机的燃料一般是柴油，在所有的主发电机都停止运行时应急发电机会自动启动为应急母线供电，给海洋平台的主要设备提供电力。本章着重介绍海洋平台配电系统设计需要考虑的主要因素，阐述海洋平台配电系统的线制、电压等级和频率选择依据，并简明扼要地说明海洋平台电力系统保护装置的主要任务和种类。

2.1 发电装置

海上油气平台通常采用的电力系统具有独立性和特殊性。一般要求海洋平台系统发电机调压器动作时间短，调节速度快，发电机要有强励磁能力和强过载能力。同时，为了便于维护管理，海洋平台系统的发电机都采用同类型或相近类型的机组。同时考虑到需要效率高、机动性强、启动快等因素，多选用柴油发电机组或燃气轮机发电机组。

采用双燃料发电机组是海洋平台系统的又一特点。海洋平台系统远离陆地，不利于燃料运输，平台面积狭小，不便于存储大量燃料，这都影响发电机组的燃料供应。同时，在石油生产过程中又会产生大量的伴生天然气，因此，为节省燃料油而又保留柴油机启动快、稳定性高的优点，主要发电机组都采用双燃料机组，一般在启动时选用柴油燃料，而在进入正常运行状态后切换到以天然气作为燃料。

发电机组的数量和容量的选择是对电站运行的可靠性和经济性进行综合分析的结果，选择的基本原则必须满足整个平台（或加上附属平台）的高峰用电要求。

2.1.1 燃气轮机发电机组

燃气轮机的选配必须考虑到电站运行的可靠性、灵活性和经济性。根据平台的高峰用电负荷，可以有不同的发电机组选配方案，单机、双机或多机并联运行供电。由于海上平台不同于陆地电网供电，考虑到场地及日常检修和保养等因素，必须配备一台同样的备用机组，以满足正常生产时电站运行的可靠性和灵活性。再根据实际情况考虑投资费用等经济因素。

2.1.2 双燃料柴油机组

双燃料柴油发电机组和普通的柴油机有很大的差别，结构较复杂。在它的曲轴箱内有两根曲轴，上下排列，气缸为垂直对称排列，每个气缸内有两个活塞，通过两个活塞的互为反向运动，完成机组的进气、压缩、点火做功、排气等周期运动。上下排列的两根曲轴通过一个垂直的联动机构连接在一起，上曲轴通过垂直的联动机构将输出的功率传给下曲轴，由下曲轴带动发电机去发电。此外，机组还配有辅助空气压缩机、涡轮增压器、预燃烧室和真空泵等辅助设备。

双燃料柴油机组以柴油启动，当机组负荷超过50%以后，可以切换到燃气运行，但机组还必须保持1%的供油，有的机组要求为15%，通过这一小部分油在压缩过程中的压燃点燃天然气，这样就使机组对燃料的要求比较苛刻。表 2-1 列出了双燃料柴油机组和普通柴油机的参数对比。

表 2-1 双燃料柴油机组和普通柴油机的参数对比

项　目	双燃料柴油机组	普通机组
型号	38ETDDS-1/8	12V149GDTI-150
活塞排列方式	O-P 直立式	“V” 形
缸数	9	12
冲程	2	2
缸径×行程/mm	206×146	146×146
预燃室压力/Pa	（238~245）× 10^5	无
曲轴数目	2	1
曲轴转速/（r/min）	900	1 500
燃料	柴油或柴油+天然气	柴油

2.1.3 应急发电机组

海上采油平台一般配有应急发电机组，在平台黑启动、台风或应急状态下为一些重要设备提供必需的电源，因此要求应急机组能够快速启动并自动为一些重要设备供电，应急发电机组大多数情况下选用柴油机组。

柴油机是通过活塞在气缸内往复运动带动曲轴连杆对外输出功率的，有两冲程和四冲程之分，气缸多为“V”形排列和垂直排列。一般应根据平台的应急负荷和实际情况决定柴油机的大小和型号。如渤中 28-1 油田的应急机组选用的是“V”形 8 缸四冲程 CATERPILLAR 3508 型柴油机，功率为 630 kW；渤中 11-4 油田选用的是“V”形 12 缸两冲程 DETROIT 9123-7306 带增压型柴油机组，功率为 800 kW。

虽然应急机组在平台的日常工作中使用率很低，但却是平台在应急情况下最重要的设备，因此对应急机的质量要求较高，启动和加载性能一定要好，在特殊情况下甚至可以过载运行。如涠 11-4 油田在主电网失电的情况下，在几秒钟内就可以实现从启动到给重要负荷送电的全过程。另外，需经常对应急机组进行必要的保养和检查，如机组的水位、润滑油液位以及加热器是否正常等，特别是在北方寒冷的天气里，更要加强对加热器的检查，以确保机组在任何情况下都可以及时快速地启动。

2.2 配电装置

在海洋平台系统中，发电机发出的电能需要进行集中控制，然后再将电能及其信号通过电缆和电线，分配给各用电设备使用。这种对电能进行集中控制和分配的装置称为配电装置，传输电能和信号的电缆与电线构成的整个传输电路称为海洋平台系统的电网。电网和配电装置是海洋平台电力系统不可缺少的环节，对配电装置及电网的设计要考虑的因素很多，设计也很复杂。下面就几个主要部分进行介绍。

2.2.1 线制的选择

根据我国《钢质海船入级规范》等相关规定，钢质海船和海洋平台的电力系统必须选用三相三线中性点不接地系统。其特点是发电机或变压器在三相三个绕组接成星形或三角形时，其中性点不引出线，电源的任何一点也不接地。

在中线接地系统中，站在甲板上的人和电源中性点是连接在一起的，其电阻值很低，当人不小心碰到电源时，电源、中性线和人体就组成了一个回路，造成触电事故。采用中性点不接地系统，其优点是即使人碰到了电源，也不能形成回路，无法形成通过人体的电流，对人体遭受电击的危害性相对小一些。其缺点是在不正常运行过程中产生的过电压比接地系统的大，有可能造成设备的绝缘击穿，对电气设备的运行安全不利。因此，要求不接地系统中的电气设备要选用较好的绝缘材料、较大的绝缘距离和具有较好的过电压保护能力。

2.2.2 电压等级的选择

海洋石油生产平台，应该特别重视防爆问题。供电电压越高，其产生火花、电弧和放电击穿的可能性就越大，可燃气体爆炸的可能性就越大，对人身安全的威胁也相对较大。因此，海洋石油平台电力系统的电压应尽可能选得低一些，但由于平台的负荷大，电缆上的电流大，低压供电侧的电流会更大，电缆上产生的压降相对也会较大，有时可能会超过允许的压降范围，因此必须选择截面较大的电缆以减少电阻，从而降低压降，这样势必大大增加投资。同时海洋平台系统的电压等级的大小，直接影响到电力系统中所有用电设备的重量和尺寸，一台几百千瓦的用电设备，如果选用较低的电压等级，其体积必定很大，输出电流也较大，选用合适、经济的断路器就比较困难。因此，从安全性和经济性两方面综合考虑，选用合适等级的电压是非常必要的。

一般情况下，大于 150 kW 的电动机应选用高压电 3.3 kV 或 6.3 kV 的系统，低于 150 kW 的设备选用 400 V 的系统；照明和小动力选用 220 V 或 230 V 的动力系统；而控制系统最好选用 115 V 的系统；此外还有直流 24 V 的特殊系统等。

2.2.3 频率的选择

目前，世界上有两种通用的电力系统的频率，即 50 Hz 和 60 Hz。由于平台上的电力系统是独立的，因此，频率的选择没有太多的要求，一般情况下，海洋平台系统中的频率选用陆上的等级标准，我国统一规定为 50 Hz，但也有采用 60 Hz 的系统，表 2-2 是其性能对比。

表 2-2 两种频率选择的性能对比

项 目	60 Hz	50 Hz
同一台发电机	要求转速高，发电机组比选用 50 Hz 时增加约 20%的输出功率	—
同样容量的电动机、发电机或变压器	体积和重量比 50 Hz 的小 15%左右	—
互换性	电气设备不能用于 50 Hz 的电力系统，否则，不仅做功下降，而且效率降低发热增加，降低使用寿命	电动机与变压器等可以使用于 60 Hz 的电源系统，不仅效率可以提高，发热可以下降，而且做功可以增加 15%左右

2.2.4 电力系统的保护

海洋平台系统的保护范围小，但种类多，较集中，受负载特性影响大，其设施安装的环境也各不相同。在海洋采油生产中，对供电的可靠性要求较高。为了保证可靠供电，在发电机、变压器线路、主要用电设备上都要设置继电保护装置。它的作用是当电站系统发生故障或不正常情况时，发出信号使相应设备的断路器动作，把故障部分从系统中断开，以保证正常和非故障部分继续工作，或者发出警报信号，以便值班人员检查，并采取相应措施消除故障。

电力系统保护装置的任务是：①自动地、迅速地、有选择性地将故障元件从电力系统中断开，以保证其他无故障部分迅速恢复正常运行，并使故障元件免于继续遭受破坏；②反映电力系统的不正常工作状态。一般都不需要立即动作跳闸，而可以带一定的延时才发出信号，由值班人员进行处理。某些特殊情况下也可以切断电气设备。

电力系统中的保护主要有以下几种。

1. 欠电压保护

当电动机在低电压下运行时，由于要保持输出转矩的平衡会导致转速下降而使电流增大，造成过热，有可能烧毁电机，因此当系统电压低于某一设定值时，系统的欠电压保护继电器将动作，将相关的断路器跳闸停电以保护设备。

2. 过电压保护

过电压保护有两种，一种是过电压继电器，在一般情况下，当电压达到额定值的110%以上时，该继电器动作，使发电机的主断路器跳闸停电，以保护用电设备不受过电压的危害。防止电站系统出现稳态过电压。另一种是过电压吸收装置，原理同前一种一样，但它的作用是防止瞬态过电压。

3. 过电流保护

为避免发电机等电器设备因过电流引起发热而损坏，必须设置过电流保护。过电流继电器的电流值大于设定值时动作。过电流值小，发热小，允许承受的时间可以长一些；反之，过电流越大，允许时间就越短，避免发热造成的温度超过规定允许的极限。过电流保护分为以下 3 种：①长延时过电流保护，用于保护因稳定的超载而引起的过电流。一般其动作电流为额定值的 1.10~1.25 倍，动作时间约为 20 s；②短延时过电流保护，用于保护因短时间超载或短时故障等原因而造成的过电流。其动作电流一般为额定电流的 300%~400%，动作时间为 0.3~0.4 s；③瞬时过电流保护，当电流超过设定值后，没有延时，保护立即动作，一般用作短路保护。其动作电流一般为额定值的 800%~1 000%，动作时间为瞬时。

4. 逆功率保护

此保护用于并联运行的发电机组，当一台发电机的输出功率为负，即输入功率时，已作为电动机在运行，此时原动机和发电机（作为电动机）都输入功率，转速会迅速上升，若无保护就会造成飞车，有可能造成机组的重大损坏。同样的输入功率，对于燃气轮机的旋转机构和柴油机的曲轴连杆机构，其转速的上升是不同的，因此其保护设定值分别为：燃气轮机为额定功率的 2%~6%，柴油发电机为额定功率的 8%~15%，动作时间为 3~10 s。

5. 逆相序保护

正常电气系统供电是正弦波矢量，是以一定的方向旋转的，由于负荷的影响，电压电流的正弦波形会发生畸变。非正弦量可以分解成零序、正序和负序的分量，负序分量的大小代表了波形畸变的程度。当发电机发出的电压波形非正弦的分量较大时，不仅自身的损耗增大，效率下降，发热增加，也会使各种用电负荷效率下降，发热增加，因此需要有逆相序保护。一般动作电压为负序电压达到额定电压的80%，动作时间为1 s。

6. 不平衡保护

如果发电机三相的负荷不平衡，会引起相电压的偏移，使效率下降，损耗和发热增加。在分配单相负荷时应尽量将其平衡分配到三相中。由于操作时间和场合的不同要绝对平衡是不可能的。对于三相平衡负荷，当一相绕组出现故障后也会造成三相不平衡。其设定动作电流为额定电流的60%，动作时间为2~4 s。

7. 差动保护

差动保护是在电气设备的绕组内部发生局部短路等故障时使此设备停止运转的一种保护。一般用于单台设备功率大于1 000 kW的设备上，其设定动作电流为额定电流的10%，动作时间为瞬时。

2.2.5 配电装置

海上采油电力系统的配电装置均做成金属箱体，箱体内根据需要装有各种开关设备、控制及保护电器、电气测量仪表和信号指示器等。

（1）配电装置的主要功能：①正常情况下接通和断开电源到用电设备间的供电网络，指示开关的通断位置；②测量和监视电力系统的各电气参数（如电压、电流、频率和功率因素等）；③控制电力系统的各电气参数；④当电力系统发生故障或不正常运行时，保护电器将自动切断故障回路或发出声光报警信号。

（2）电力系统配电装置按用途可分为以下几种：①主配电盘（Main Switchboard），用于控制和监视主电源及大负载的工作情况，并且将主电源发出的电能合理地分配给主电网的各个供电区段。②应急配电盘（Emergency Switchboard），用于控制和监视应急电源的工作情况，并将应急电源发出的电能合理地分配给各个应急用电设备。③负载中心（Load Center），其作用是将主发电机的电能分配到各个馈电装置。④电机控制中心（Motor Control Center，MCC），用于对电动机及其他馈电装置进行集中的起、停控制，并对上述负载的工作状态进行监视。⑤不间断电源配电盘，对整流-逆变过程进行控制，并为特定设备及仪表提供交流不间断电源。⑥直流蓄电池充放电板，用于控制和监视充电电源的工作情况以及蓄电池组的充电与放电情况，并向系统中低压用电设备提供直流电源。

上述配电装置一般安装在与生产现场隔开的配电间内，这样便于对用电设备进行集中控制，易于对配电装置进行保养和维修。

2.2.6 电网

海洋采油系统各用电设备根据不同要求，可以由主配电盘直接供电，或经电机控制中心，分配电箱间接供电。由总配电盘直接往用电设备或接往电机控制中心的电缆构成的那部分电网称为一次网络；由电机控制中心接往用电设备的电缆构成的那部分电网则称为二次网络。

1. 电网组成

根据供电电源的不同，电力系统电网可分为主电网、应急电网、弱电电网。所谓主电网，是指由主电源经主配电盘进行供电的那部分电网。主电网包括动力网络和正常照明网络。当主电源因故不能供电时，应急电源将通过应急配电盘向平台上必须工作的部分用电设备供电。由这部分供电电缆构成的网络称为应急电网。应急电网常常是主电网的一部分。通常，应急电网主要向发动机控制盘、发电机控制盘、消防系统以及照明与控制电源配电盘等提供电源。

向全系统无线电通信设备、呼叫联络系统、有线广播的通信系统助航设备以及仪表及信号报警系统提供电源的网络称为弱电电网。

2. 接线方式

所谓电网的接线方式，就是指电源、配电装置和用电设备之间电缆的连接方式。海洋平台系统的接线方式考虑了各用电设备的具体要求以及整个电力系统的供电可靠性、灵活性、经济性以及操作便利等因素。在电网中，一次网络一般可按两种方式接线：一种是枝状结构；另一种是环状结构。图 2-1 给出了这两种接线方式的单线示意图。

枝状接线的一次网络的每一馈线都是由主配电盘或负载中心直接引出，并且各自独立。它只向一个电机控制中心、一个分配电箱或一个用电设备进行供电。而环

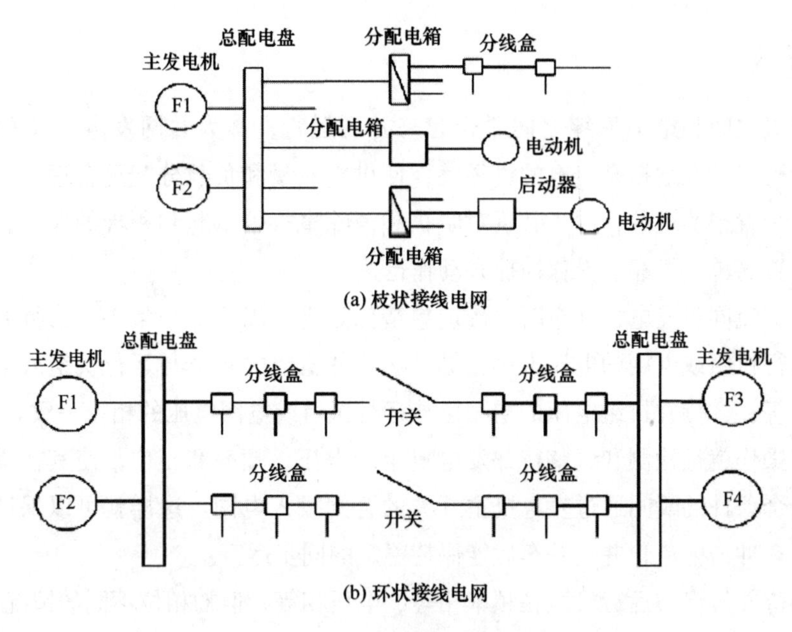

(a) 枝状接线电网

(b) 环状接线电网

图 2-1 电网的接线方式

状接线的一次网络，主馈线却是一个环状的闭路，它经过串接在主馈电线路上的各个分线盒供电给用电设备或分配电箱。对于枝状电网，由于从主配电盘或负载中心引出的各条独立馈电线上都装有馈电开关，因此便于在总配电盘上或负载中心对全系统用电设备进行集中控制。

电力系统中一次网络的基本环节是电源和引出线，母线是中间环节，它起着汇总和分配电能的作用。由于电力装置中引出线的数目一般要比电源的数目多好几倍，在两者之间采用母线连接，可使接线简单明了和运行便利，整个装置容易扩充。

母线接线方式可分为单母线接线、双母线接线、桥式接线、多角形接线、单元接线等。其中单母线具有电路简单明了、所用设备少、配电装置的建造费用低等优点，比较适合海洋平台系统的需要。所谓单母线就是只有一条母线。但单纯采用单母线电网，当母线或母线隔离开关以及断路器发生故障或检修时，就必须断开全部电源，整个电力装置在全部检修时间或修复、更换损坏设备的时候就会停止工作。因此，为克服这一缺点，提高原母线供电的可靠性，采用了将母线分段的方法，用自动空气开关或高压真空断路器将母线分为几个独立的部分，这样便可以提高用电设备的供电可靠性。即当某段母线因故障而未能迅速排除时，将母线上的分段开关断开，将故障段切除，以确保其他无故障段能连续工作。

3. 并网

发电机之间和电力系统之间联合起来并列运行，称为并网发电（又称并车）。并列运行可以极大地提高供电的可靠性，使供电质量和负载分配更合理。并网发电是靠同步装置来实现的，同步装置对防止和消除事故可以起到积极的作用，因此要求同步装置简单、可靠、操作简捷并动作迅速。

三相交流同步发电机并车时，最理想情况是满足以下 3 个条件：①待并机组的电压与运行机组或电网的电压大小相等；②待并机组的频率与运行机组或电网的频率数值相等；③待并机组电压的初相位与运行机组或电网电压的相位一致。

并车操作就是检测和调整待并发电机组的电压、频率和相位，使其在满足或接近上述三个条件的瞬间通过发电机主开关的合闸投入电网。这样就可以保证在并车合闸时没有冲击电流，并且并车后能保持稳定的同步运行。

如果待并机组与运行机组在频率相等、电压相等，但初相位不同的情况下并车，会在两台机组之间产生平衡电流。过大的平衡电流产生热和机械力，会损坏发电机绕组，平衡功率产生力矩，会使电机扭轴产生振荡，破坏发电机。因此规范中规定两台发电机的相位差不能大于 15°，具体可参考有关国家标准和国际电工（IEC）的有关规定。

如果待并机组与运行机组在频率相等，初始相位相同，但电压大小不等的情况下并车，会在两台机组之间产生冲击电流。过大的冲击电流对于发电机和电网都是很不利的。因此规范中规定，并车操作中电压差不得大于 10%，具体可参考有关国家标准和国际电工（IEC）的有关规定。

如果待并机组与运行机组在电压相等、相位相等但频率不相等的情况下并车，同步前的摇摆过程将引起发电机电流和转矩的增大以及电网电压的波动，有时甚至会造成设备的损坏，因此规范规定：频率差在 0.5 Hz 以内可以并车。

并车一般有手动并车和自动并车两种。

2.2.7 配电装置上的配电电器

为控制盒分配电能的需要，配电装置上装有各种开关、控制及保护电器、电器测量仪表、信号指示器。其中开关类有自动空气断路器、高压真空断路器、装置式断路器等。这里只对海洋平台系统配电装置中的开关设备进行介绍。

海洋采油系统的电力装置中，极其重要又较为复杂的开关电器主要有自动空气断路器、高压真空断路器、装置式断路器、高压电磁接触器等。

1. 自动空气断路器（ACB）

自动空气断路器是海洋电力系统配电装置中的保护、开关电器。其作用是：在正常情况下接通和断开电路；在电路发生短路、过流及出现其他不正常现象时，能自动断开。它常用作电源的主开关。

2. 装置式断路器（MCCB）

装置式断路器也是海洋电力系统配电装置中的重要配电保护用开关电器，它的作用是：在正常情况下接通和断开电路；在电路发生短路、电流过载及出现其他不正常现象时，能自动断开电路。装置式断路器具有安全保护用的塑料外壳，在海洋平台系统中常用作各种配电装置上的供电开关。

3. 高压真空断路器

高压真空断路器常用作主发电机开关及高压母线联络开关，在正常情况下用于接通和断开电路；在电路发生短路、过流及出现其他不正常现象时，能自动断开电路。与空气断路器不同的是，它可用于高电压的电网，如3 300 V或6 300 V的电网。其触头处于真空中，在断开电路时，由于没有空气的存在，高压大电流电弧容易熄灭。

4. 高压电磁接触器

高压电磁接触器是在电力系统中与隔离开关、熔断器配合用作高压电动机的开关，该开关用于电动机的运行停止，同高压真空开关一样，也是用于高压电力系统，也有真空灭弧作用，只是它的切断容量不够大，因此它本身只有过电流保护，高压电动机的短路保护由熔断器来完成。

思考题

1. 简述海洋平台发电装置配置要求。
2. 简述海洋平台电力系统必须选用三相三线中性点不接地系统的原因。
3. 简述海洋石油平台电力系统电压等级的选择要求。
4. 简述海洋平台电力系统频率选择时应注意的问题。
5. 简述电力系统保护装置的任务。
6. 简述三相交流同步发电机并车时，需满足的三个条件。
7. 简述三相交流同步发电机并车时的注意事项。

第3章 控制、测量与空气注入溢流系统

教学目标

1. 了解海洋平台轮机系统关键技术参数、自动控制方式与原理。
2. 熟悉海洋平台液位自动控制种类与原理。
3. 掌握海洋平台空气、测量和注入系统的设计要求。
4. 重点掌握海洋平台舱柜液位测量装置的类型与组成特点。

海洋平台动力装置众多，位置分布广，牵涉区域大，上至平台生活楼、飞机平台，下至平台各个舱室，为实现海洋平台科学安全管理，必须对动力装置与轮机系统的关键性参数进行实时监控，利用自动化装置代替人工直接探测和管理海洋平台，能够使平台人员时刻掌握动力装置的运行状态，保证海洋平台动力装置的操作安全无误，改善劳动条件，减轻劳动强度，减少平台人数，提高海洋平台生产作业效率。本章着重介绍海洋平台空气、测量和注入系统的设计要求，阐述海洋平台舱柜液位测量装置的类型与组成特点，并简明扼要地说明海洋平台多种液位遥测装置的原理与特点。

3.1 自动控制系统

海洋平台动力装置与各种管路系统的科学安全管理，离不开关键性参数的实时监控，如各舱柜的容积与液位，各个动力系统的温度、压力与流量等各种工作状况的测量与控制，这些信号参数都必须实时传输到中央控制台，才能保证海洋平台动力装置的操作安全无误。

3.1.1 温度自动控制

1. 加热温度自动控制

加热温度需自动控制的有燃油加热器、燃油日用柜、燃油沉淀柜、热水柜等。

1）蒸汽加热温度自动控制

蒸汽加热温度自动控制使用直接作用式或气动式蒸汽调节阀控制加热蒸汽量，实现被加热介质温度的控制，如图 3-1 所示。

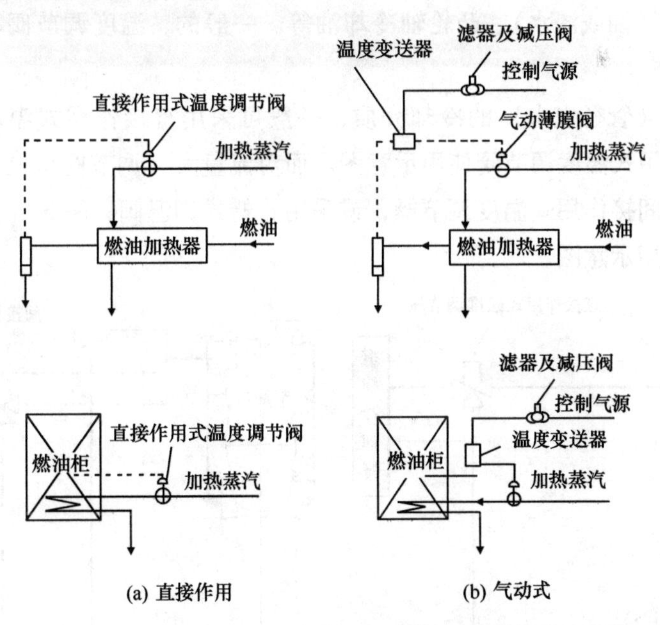

图 3-1　蒸汽加热温度自动控制原理图

2）电加热温度自动控制

电加热温度自动控制使用恒温器实现温度自动调节，见图 3-2。

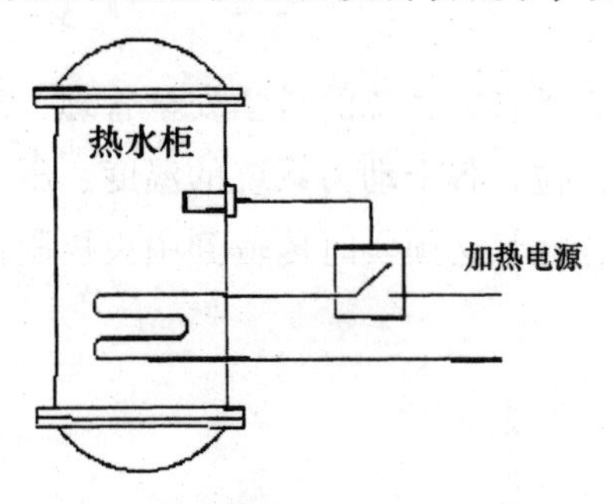

图 3-2　电加热温度自动控制原理图

2. 冷却温度自动控制

1）被冷却介质的温度自动控制

冷却温度需自动控制的有滑油、气缸套冷却淡水、活塞冷却液（油或淡水）、喷油嘴冷却液（油或淡水）、凸轮轴冷却油等。一般的，温度调节阀均装在冷却器的出口。

对流量小（管径也小）的冷却介质，一般可采用直接作用式温度调节阀，图 3-3 为直接作用式温度调节阀使用示意图。而对流量大（调节阀口径也大）的冷却介质，多采用间接作用式温度调节阀，或采用石蜡式调温阀，图 3-4 为间接作用式温度调节阀使用示意图。

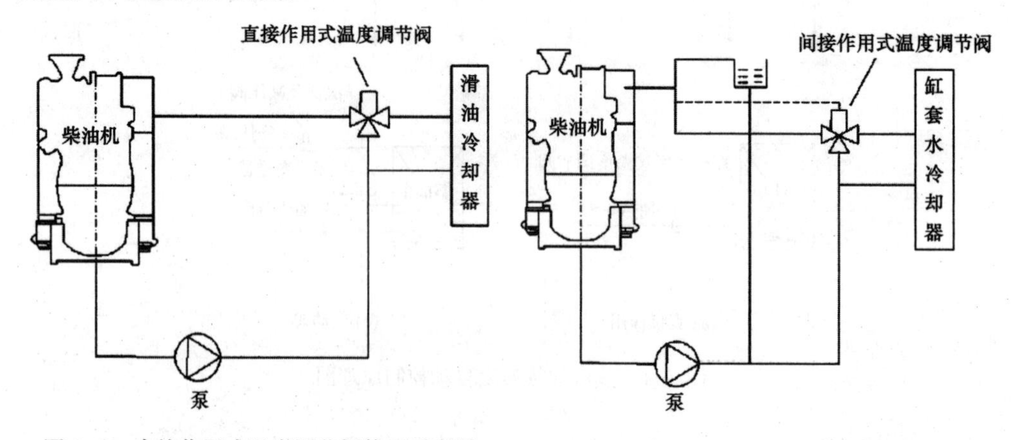

图 3-3　直接作用式温度调节阀使用示意图　　图 3-4　间接作用式温度调节阀使用示意图

2）冷却海水温度自动调节

海洋平台在寒带航行，因海水温度过低，会影响主机的正常运行。为此，在排往舷外的冷却海水管路中装设一只三通气动薄膜调节阀，或两只联动调节阀，将一部分冷却海水回流至冷却海水泵进口，使其再循环，见图3-5。

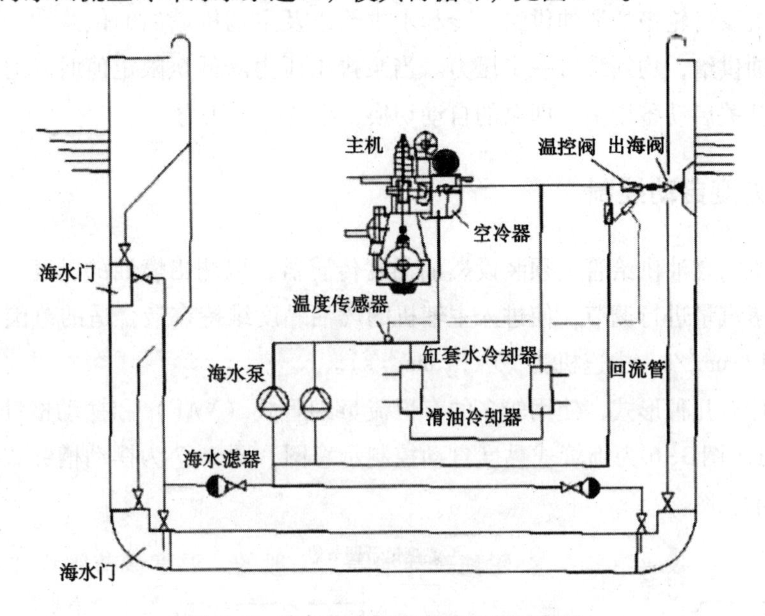

图3-5　冷却海水温度自动调节示意图

3.1.2　压力自动控制

为保持进入设备的液流或设备内部的液、气的一定压力，须对压力进行自动控制。

1. 超压保护

在压力容器（锅炉汽包、压缩空气瓶、压力水柜等）及受压管路中，为防止其超压，一般均装设安全阀。当压力超过设计压力的10%时，安全阀自动打开，释放内部流体。当压力回复到设定值时，安全阀关闭、复原。

2. 低压使用

在管路中装设减压阀，可使初级压力减低至所需的压力，以供使用。如压缩空气系统，主空气瓶压力为3 MPa，而汽笛空气仅需1 MPa，此时不必另设1 MPa的空气压缩机，只需从主空气瓶引出管子经减压阀（减压至1 MPa）接至汽笛空气瓶。此减压阀可自动控制至1 MPa±0.1 MPa。

3. 压力维持

主辅机及齿轮箱的滑油供给、冷却水供给以及主辅机燃油的供给和液压动力系统的液压油供给，均须维持一定压力。当泵排出压力降低至限定值时，通过排出管上的压力开关启动备用泵，即泵的自动切换，维持一定压力。

3.1.3 黏度自动控制

主辅机的燃油供给管上须装设燃油黏度传感器，以测出燃油的黏度，并经控制器对加热蒸汽量进行调节，使进入主辅机的燃油黏度维持在最合适的范围内（低速机为13~17 mm^2/s、中速机为10~14 mm^2/s）。

黏度计有几种形式，使用较多的有恒流量细管式（VAF）和摆动槽针式（VISCOCHIEF）。图3-6为细管式黏度自动控制示意图，图3-7为摆动槽针式黏度自动控制系统示意图。

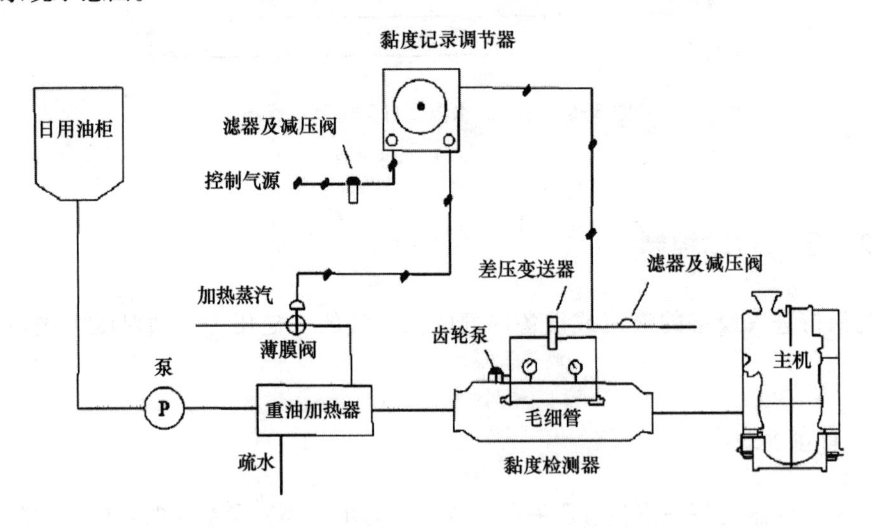

图3-6 细管式黏度自动控制示意图

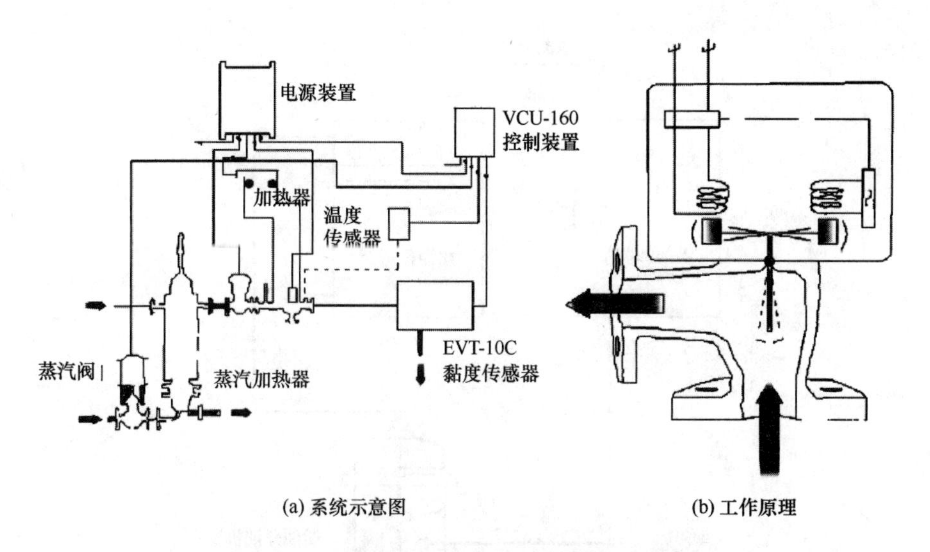

(a) 系统示意图　　(b) 工作原理

图 3-7　摆动槽针式黏度自动控制系统示意图

3.1.4　液位自动控制

1. 用供液泵的自动起停控制液位

用供液泵的自动起停控制液位适用于燃油沉淀柜、气缸油日用柜、锅炉水位等，见图 3-8。

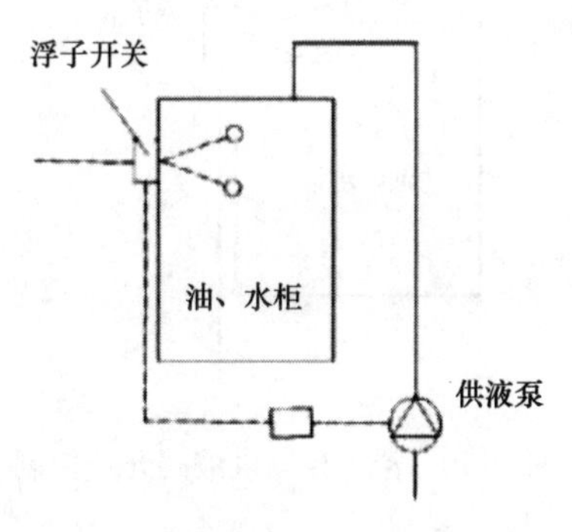

图 3-8　供液泵的自动起停控制

2. 用连续供液及定液位溢流控制液位

用连续供液及定液位溢流控制液位适用于燃油日用柜等，见图 3-9。

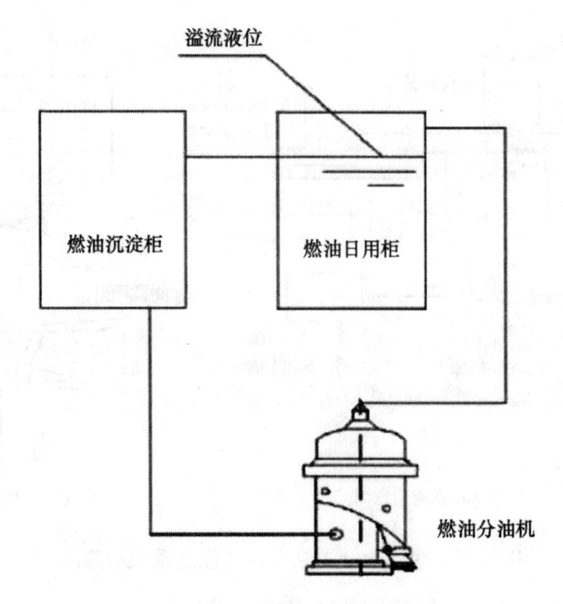

图 3-9　连续供液及定液位溢流控制

3. 用浮子控制供液阀开关控制液位

用浮子控制供液阀开关控制液位适用于淡水膨胀箱、热井等，见图 3-10。

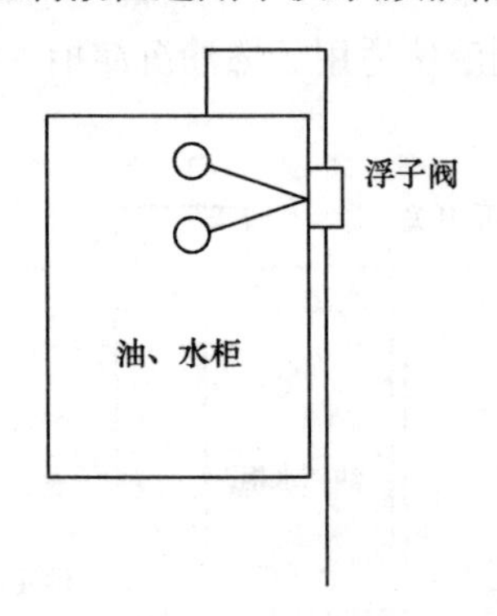

图 3-10　浮子控制供液阀开关控制

3.1.5　自动切换

当运行泵的排出压力降低至一定值时，通过泵排出管路上的压力开关的动作，自动切换到备用泵，见图 3-11。适用于柴油机燃油供给泵、冷却水泵、滑油泵、锅炉给水泵、燃油泵及液压系统动力泵。

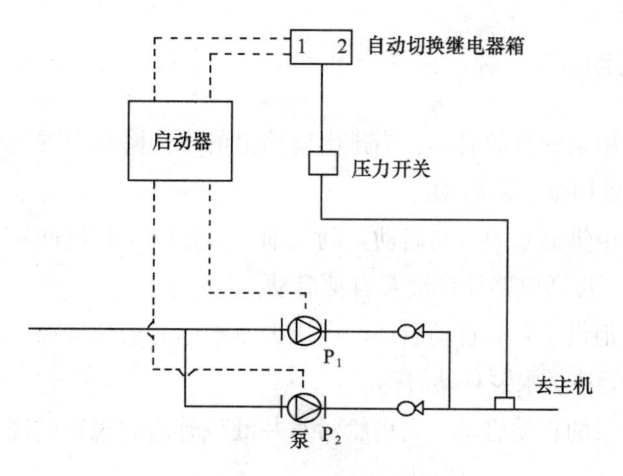

图 3-11 泵的自动切换

3.1.6 自动清洗

主柴油机的滑油系统中需设置一台自动清洗滤器，以维持连续供应清洁的滑油。

有的是用定时器定期使须清洗的滤筒回转，有的是用滤器前后的压力差使滤筒回转。滤筒回转时用喷射的滑油或压缩空气冲掉杂质（还有的使被过滤的一部分滑油反向流动，冲掉杂质）。

图 3-12 为利用滤器两端之压差启动滤筒电动机实现反冲的示意图。

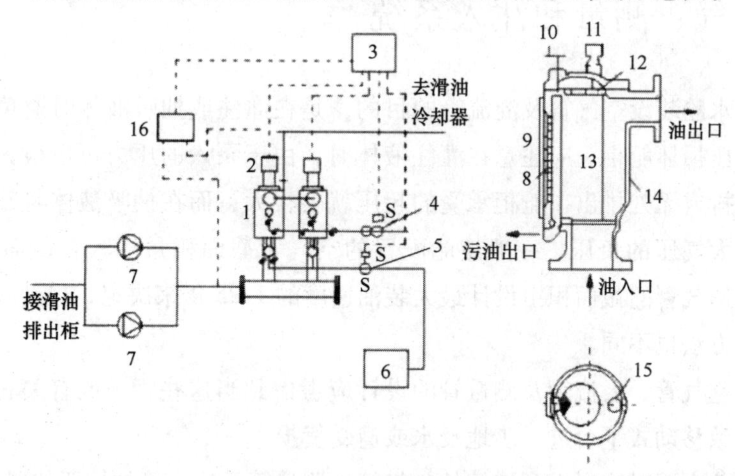

图 3-12 自动反冲滑油滤器

1、13—滤器；2、11—电机；3—控制盘；4—气源入口电磁阀；5—污油排出电磁阀；6—污油柜；7—主滑油泵；8—压缩空气喷射口；9—压缩空气入口；10—操纵手柄；12—齿轮；14—滤器本体；15—齿轮（内齿轮）；16—压差继电器

3.1.7 自动启动

(1) 各类备用泵的自动启动。当排出管路上的压力降低至规定值时，通过管路上压力继电器使备用泵自动启动。

(2) 油、水柜供液泵的自动启动。利用油、水柜液位控制的浮子开关，当液位降低至规定值时，接通电路使供液泵自动启动。

(3) 压力水柜供水泵的自动启动。当压力水柜内的液位降低，压力下降至规定值时，压力继电器使供水泵自动启动。

(4) 舱底水泵的自动启动。当机舱污水井液位升高到规定的高液位时，浮子开关接通电路使小舱底水泵自动启动。

(5) 空压机的自动启动。当空气瓶内压力降低至规定值时，压力继电器使供气空压机自动启动向气瓶供气，达到设定压力之后，同时实现卸荷及有关阀的关闭。

3.1.8 锅炉燃烧自动控制

锅炉燃烧自动控制是指锅炉负荷变化时，保持规定的锅炉蒸汽压力的自动控制。根据锅炉出口蒸汽压力的变化，使燃油量控制机构和空气供给控制机构动作，调整燃油量和空气量，使蒸汽压力维持在规定值范围内。

3.2 空气、测量和注入系统

油舱、水舱装设空气管及溢流管的目的，是在灌注或抽吸液体时避免舱柜内造成超压或负压损坏舱柜。应注意在灌注液体时，由于泵入的压力可以很大，一旦液体来不及疏排或无处排出，舱柜承受的超压就会很大；而在抽吸液体时舱柜最多承受的是1个大气压的负压。一般液舱配置的空气管截面积是注入管截面积的1.25倍，而油舱透气管的截面积由设计最大装油速度的1.25倍来决定，这是两种不同的概念，计算方法也不同。

液舱的空气管、溢流管及测量管的设计应考虑到当这些管子或有关联舱柜破损后，不会导致移动式平台进一步地浸水或遭受货损。

在平台总布置时应考虑到液舱的空气管、测量管及注入管的配置位置。

3.2.1　空气管的设计

1. 空气管的数目和布置

（1）储存油或水的舱柜、隔离空舱、管隧、轴隧等处均应设有空气管。对于人型运输船或自航式动力平台，即使管隧内具有强力通风设施，也建议设置空气管或自然通风管。空气管应从舱柜的高处引出并尽可能地远离注入管，其出口端应有防止舷外水进入的可靠装置。

（2）空气管配置的数量和位置根据舱柜顶部的实际形状决定，一般而言，顶板长度等于或大于 7 m 的狭长舱柜，至少配置 2 根空气管。

（3）配备阴极保护的舱柜，前后均须设置空气管。

（4）所有双层底舱都应设空气管，延伸架两舷的每一个双层底分舱应自两舷引出空气管。

（5）空气管的布置应在任何一个舱柜破舱浸水后，不致使舷外水通过空气总管进入位于其他水密舱室内的舱柜。

2. 空气管的终止

（1）燃油舱柜、加热的滑油舱柜和液压油舱柜、位于机器处所之外且未设溢流管并能用泵灌装的舱柜、与燃油舱相邻的隔离舱等舱柜的空气管应引至干舷甲板以上的露天地点。

（2）双层底舱、延伸至外板的深舱、舷外水可能涌入的舱柜以及其他隔离舱的空气管应引至舱壁甲板以上。

（3）延伸至干舷甲板上的空气管，其可能进水处距甲板上缘高度应不小于 760 mm，延伸至上层建筑甲板上的空气管，其可能进水处距甲板上缘高度应不小于 450 mm。

（4）滑油储存舱柜或容积小于 0.5 m^3 的燃油泄放柜（非动力注入柜）的空气管，如果其出口端位于溢油不致和电气设备及热表面接触之处，则可以终止于机器处所内。

（5）燃油舱空气管的开口端不应位于因溢油或油气而发生危险的处所，开口端应设置耐腐蚀和便于更换的金属丝防火网，其通流面积不得小于该空气管的横截面积。金属丝防火网的规格为 30 目，如采用两层金属丝防火网则可为 20 目，两层之间的间隙不小于 12.5 mm。

（6）延伸至露天甲板上的所有空气管，其开口应装设有效而适当的关闭装置，以防止在恶劣气候下舷外水涌入舱内。

（7）柴油机曲轴箱一般应配置空气管，口径通常按制造厂的推荐。空气管管径不宜过大，以防止曲轴箱爆炸后空气的冲入。柴油机曲轴箱的透气管应引至甲板上的安全部位或经船级社认可的位置。建议引至机舱棚烟囱后壁排至大气中。每台柴油机的曲轴箱空气管应各自独立。

3. 空气管的尺寸

（1）对于动力注入的所有舱柜，每一个舱柜的空气管的总横截面积，应至少为其注入管有效截面积的 1.25 倍。在任何情况下，上述舱柜空气管的内径应不小于 50 mm。对于仅仅依靠重力注入的舱柜，空气管的截面积可以不遵循上述规定，甚至可小于重力注入管。

（2）如果舱柜装有溢流管，溢流管有效截面积不小于注入管有效截面积的 1.25 倍时，则空气管的横截面积至少应为该舱柜注入管横截面积的 20%。如果几个舱柜共用 1 根空气管，而这些舱柜又各自装设上述的溢流管，则该空气管的横截面积，至少应为独立舱柜中两根最大注入管横截面积之和的 20%。

（3）轴隧、管隧的空气管内径不应小于 75 mm。长度大于 10 mm 的轴隧、管隧，建议前后都设置空气管。

在进行海洋平台设计时，必须遵循相关规范要求，不可随意取舍，在不超出规范要求的情况下，表 3-1 至表 3-3（数据来源于《船舶实用设计手册》）可供参考。此外，在材料选择时，空气管、溢流管、测量管一般采用焊接钢管。对水舱、管子应镀锌，而对油舱，则不需镀锌。

表 3-1　空气管或溢流管的选用

注入管公称直径 D_N/mm	可选用的空气管或溢流管公称直径 D_N/mm×根数
50	65×1，50×2
65	80×1，50×1+65×1，80×1+50×1，80×1+65×1
80	100×1，65×2，80×1+50×1，80×1+65×1，100×1+50×1
100	100×1+50×1，100×1+65×1，100×1+80×1
125	100×2，125×1+80×1，125×1+100×1
150	125×2，100×1+150×1
200	200×2，200×1+100×1，200×1+125×1，200×1+150×1
250	200×2，250×1+125×1，200×1+150×1

表 3-2　空气管、溢流管、测量管的最小壁厚　　单位：mm

管子外径	与船体结构有关的舱柜的空气管、溢流管、测量管最小壁厚	通过压载舱、燃油舱的空气管、溢流管、测量管的最小壁厚
38~82.5	4.5	6.3
88.9~108	4.5	7.1
114.3~139.7	4.5	8.0
152.4~168.3	4.5	8.8
177.8	5.0	8.8
193.7	5.4	8.8
219.1	5.9	
244.5~457		

注：①具有有效防腐蚀措施的管子，其最小壁厚可以适当减薄，但减薄最多不超过 1 mm。

②除液货闪点小于 60℃ 的液货舱测量管外，表列测量管的最小壁厚系适用于液舱外部的测量管。

表 3-3　露天甲板上空气管的壁厚　　单位：mm

管子外径	<80	89	108	114	125	140	150	>160
最小壁厚	6.0	6.3	6.9	7.1	7.4	7.9	8.2	8.5

表 3-3 列出的是常用的管子规格，如果采用的是非常用的管子规格，则管子外径 80 mm 以下（包括 80 mm），管壁取 6 mm；管子外径 160 mm 以上（包括 160 mm），管壁取 8.5 mm；管径在其中间的，用内插法决定。

4. 空气管头

为了满足上述空气管的安装要求，在空气管的开口端一般均装有各种形式的空气管头，最简单为“U”字弯，其他的空气管头按中华人民共和国船舶行业相关标准分类有帽式空气管头、鹅颈式空气管头、测深兼透气空气管头、浮筒式油舱空气管头、浮筒式水舱空气管头、浮球式油（水）舱空气管头等。下面介绍几种空气管头的结构形式。

1）帽式空气管头

帽式空气管头的结构见图 3-13。它由盖、螺钉、本体和滤网（防火网）组成。盖与本体之间使用螺钉使其相对固定。空气管头与管子的连接方式为法兰连接。滤网由散热快的黄铜丝编织而成，其作用可防止火星溅入管内而引起火灾，因而水舱上设置空气管时，此滤网可以不装。这种空气管头一般装置在海水不易溅到的上层建筑两侧或隐蔽于舷侧舷墙的下方。

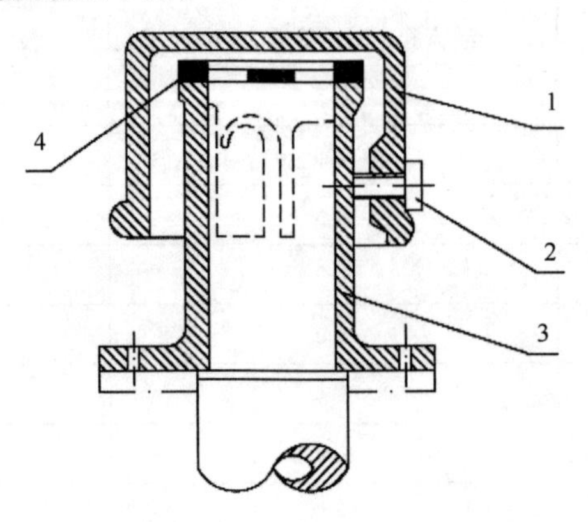

图 3-13　帽式空气管头

1—盖；2—螺钉；3—本体；4—滤网

2）鹅颈式空气管头

鹅颈式空气管头的结构见图 3-14。它由头部、浮球、滤网、垫板、网孔板组成。鹅颈式空气管头与管子采用法兰连接，浮球由阻燃玻璃钢制成，平时浮球总是位于头部的中间，空气管是畅通的，当海水进入空气管头时，浮球就被托起而关闭空气管头。滤网的作用和安装要求与各种空气管头均相同。

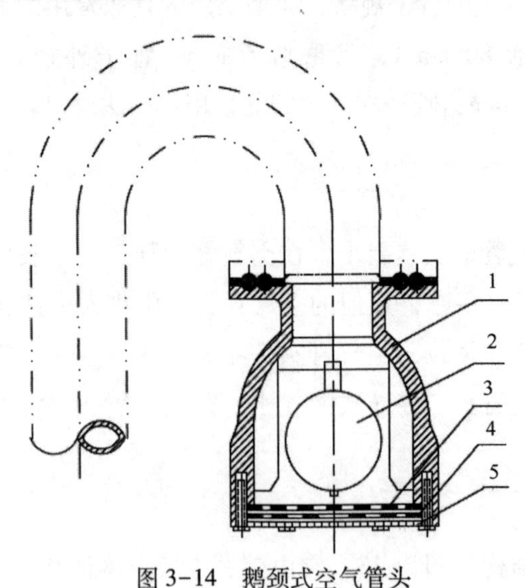

图 3-14　鹅颈式空气管头

1—头部；2—浮球；3—滤网；4—垫板；5—网孔板

3）其他形式的空气管头

其他浮球（筒）式空气管头的工作原理与鹅颈式空气管头基本相同，仅结构不同而已，图 3-15 给出了两种常用空气管头的实物图片。

(a) 测深兼透气空气管头

(b) 油舱空气管头

图 3-15 其他形式的空气管头

3.2.2 溢流管的设计

1. 溢流管的布置

（1）燃油沉淀舱柜、燃油日用舱柜以及相应空气管高度的液体压头大于该舱柜所能承受的压力，或空气管的截面积小于规定的要求时，则所有能用泵灌装的舱柜，均应装设溢流管。

（2）燃油和滑油舱柜的溢流管，应引向有足够容积的溢流空间的储存舱柜。除燃油和滑油舱柜外，其他舱柜的溢流管应引至开敞处所或适当的溢流柜。

（3）溢流管上应设有良好照明的观察器，观察器应尽可能装在停止驳运泵的地点。作为等效办法，也可装设报警装置，以便当舱柜溢流或油量达到舱柜的预定液面高度时予以报警。

（4）溢流管上不得装设截止阀或旋塞。

（5）溢流管的布置应自高至低顺势走向，尽可能减少水平管段，更不应形成气囊。在正常纵倾状态下，溢流管应为自泄型。

2. 溢流管尺寸

（1）每一舱柜溢流管的截面积，应不小于该舱柜注入管截面积的1.25倍。

（2）若设有共用溢流总管，总管尺寸应允许接至总管的任何两个舱柜同时溢流。

3. 溢流管串流的预防

（1）用于交替装载燃油、储油、压载水或干货等深舱的溢流管，若与其他舱柜的溢流总管相连接，则其布置应能防止来自其他舱柜的液体或气体等进入装有干货的深舱，还应能防止装在深舱内的液体进入其他舱柜之内。

（2）溢流管的布置，应在任一舱柜破舱浸水后，不致使海水通过溢流总管进入位于其他水密舱室内的舱柜。

3.2.3 测量管的设计

1. 测量管的布置

（1）所有舱柜、隔离空舱、管隧以及不易经常接近的污水沟或污水井，均应设置测量管。除短测量管外，测量管一般应引至主甲板以上随时可以接近的地点。对于燃油舱柜和滑油舱柜，其测量管应引至开敞甲板上的安全地点。测量管应尽可能靠近抽吸口。当采用遥控液位指示系统时，还应装设附加的手动测量装置。

（2）认可型的测量装置可用来代替舱柜的测量管。*

（3）为了防止海水通过测量管等进入舱柜，所有可能进水的测量管均应装有永久性的可靠关闭装置。

（4）应设有安全而有效的设施，以确定任何燃油、滑油或其他易燃液体舱柜内的存量。为此，可以使用上端引至安全地点并具有适当关闭装置的测量管，也可以使用下述的确定上述舱柜内存量的设施。** ①在居住平台，燃油、滑油或其他易燃

---

* 此处为中国船级社《海上移动平台入级规范》所述条款，按编者理解，之所以设定为“认可型”，是因为海洋平台的特殊性、重要性。“渤海二号”平台翻沉的特大事故，就与外部海水进入舱柜紧密相关。现代技术快速发展，测控技术也不断推出新装置，是否能够应用到海洋平台，需要船级社确认其安全性和可靠性，避免一些不成熟测试装置应用到海洋平台，产生重大安全隐患。

** 此处为中国船级社《海上移动平台入级规范》所述条款。按编者理解，船级社高度重视海洋平台的消防安全，将海洋平台分为居住平台和非居住平台，居住平台的舱柜要求更为严格，舱柜顶以下的开孔都可能影响到其密封性，产生油类泄漏的安全隐患，进而危及人身安全。

液体舱柜，应采用不需要在舱柜顶以下穿孔的测量设施，而且该设施损坏后或舱柜注入过量时，不得有燃油等易燃液体溢出。②在除居住平台外的其他平台上，既可以使用如上所述的测量设施，也可以使用平板玻璃液面计，但在液面计和燃油舱柜等之间的上、下端连接处，应设有自闭阀。如果上端连接处高于舱柜的最高液面，则上端的自闭阀可以免设。玻璃管液面计不准使用。

（5）当采用底部封闭的缝隙式测量管时，其封闭塞的结构应坚固。

2. 短测量管

（1）对于船式和驳船式平台，在机器处所和轴隧内，当测量管不可能引至主甲板以上随时可以接近的地点时，则双层底舱柜可安装延伸至花钢板以上的测量管。

（2）短测量管应易于接近。燃油和滑油舱柜的短测量管应尽量远离热表面或电气设备，必要时，上述热表面和（或）电气设备应装设防护设施。

（3）燃油和滑油舱柜的短测量管应安装永久附连于手柄的旋塞，在手柄上有重块，使手柄放开后旋塞能自动关闭，在短测量管上自动关闭旋塞之下尚应装有小直径的自闭式检视旋塞或阀。其他舱柜的短测量管应装设旋塞或用链条与管子相连的螺旋帽。

自闭式测量管头（阀）的具体结构见图3-16。

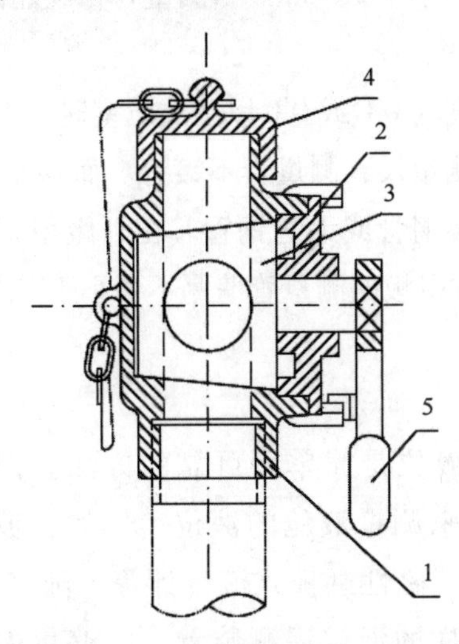

图3-16　自闭式测量管头（阀）

1—阀体；2—压盖；3—旋塞；4—上盖；5—重块

（4）在居住平台上，仅机器处所范围内的隔离空舱和双层底舱柜可以使用短测量管，并在任何情况下均应安装如上所述的自闭式旋塞。

3. 肘式测量管

（1）除非肘式测量管置于闭式隔离舱内或装有同样液体的舱柜内，否则肘式测量管不得用于深舱。

（2）测量管不能直接伸至舱柜或舱室中，但肘式测量管可装在其他舱柜上，也可作测量舱底水之用，但必须满足分舱和破舱稳性要求。

（3）肘式测量管应为重型结构并有足够支撑。

4. 防撞板

（1）测量管下端开口处的底板上，应设有足够厚度和尺寸的防撞板。可采用直径 150~200 mm，厚度 10~12 mm 的防撞板。防撞板的中心应大致与测量管中心线对准。

（2）若采用闭口端开槽的测量管，则关闭阀或旋塞应具有牢固结构。测量管底部距舱柜底的距离一般为 30~50 mm。

5. 测量管尺寸

（1）测量管的内径应不小于 38 mm。当测量管长度超过 20 m 时，测量管的内径应不小于 50 mm。

（2）当测量管通过温度为 0℃或 0℃以下的舱室时，其内径应不小于 65 mm。

（3）油舱应采用铜质测量尺，测量管不镀锌。而水舱可采用钢质测量尺，测量管镀锌。管子可以采用焊接钢管或无缝钢管。在开敞甲板高于甲板的测量管部分，管壁适当加厚。裸露在开敞甲板的测量管壁厚不要小于其穿过舱内的壁厚。

6. 测量装置

用测量管测量液舱的液位是简单而可靠的方法。但除了测量管外，海洋平台上还采用多种测量装置来测量液舱的液位。例如，玻璃管式液位表、浮球式液位计、平板玻璃液位计、磁性翻板式液位计等。随着自动化程度的高度发展，海洋平台上装备了各种各样的液位遥测装置，能够集中地测出分布在各处的液舱液位。

1）玻璃管式液位计

玻璃管式液位计主要用于受静压的水柜或滑油柜。它的安装形式也多种多样，如与舱柜的连接形式有外螺纹连接或法兰连接，外螺纹通常为 G1/2″或 G3/4″的管螺纹，法兰的通径为 DN20 mm；按液位计上部的结构分，有采用通大气的、螺塞的、手柄阀的等。图 3-17 为采用法兰连接的几种形式。它由自闭阀、手柄阀或螺塞或通大气接口、透明管、泄放螺塞、中间接头等组成。该类液位计的下部装有自闭阀，安装在上部的手柄阀处于常开状态，按动自闭阀的手轮可使液位计与舱柜形成“U”形连通器，经过一段短时间，液位计所示的液位即为舱柜内的液位。自闭阀的下部装有泄放螺塞，可供泄放之用。

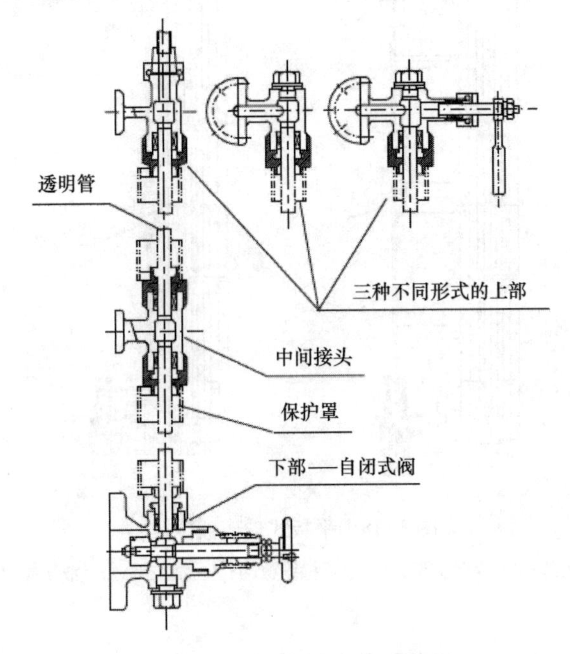

图 3-17　玻璃管式液位计

液位计透明（玻璃或有机玻璃）管安装时特别要小心，长度要适中，管口要平整不歪斜，管口两端与上下阀之间要留有一定的间隙，填料或密封圈安装要均匀，旋紧螺母时要防止过紧或单边受力而损坏透明管。透明管装好后应加装保护罩壳，保护罩壳可以用白铁皮、铝皮或不锈钢皮制成。

玻璃管式液位计的最大优点是结构简单，安装方便，但缺点是容易破损。

2）平板式玻璃液位计

图 3-18 为平板式玻璃液位计的示意图。它由两只液位计自闭阀、平板液位计组成。平板液位计分为两种型式，即上（下）节和中间节，通过不同的组合，可组成不同长短的液位计。用户可根据需要进行选择，并按连通阀中心距在舱柜上开孔。两只液位计自闭阀间一般均装有机械或液压操纵机构用于开启自闭阀。不管用什么

方式，当人员离开液位计时，自闭阀均应能自动关闭。当舱柜较小，两自闭阀间的距离能满足同时进行手动操纵时，也可不设操纵机构。玻璃板与液体接触的一面刻有锯齿槽，在灯光的照射下，由于光的折射作用能呈现出明显的液位线，以确定舱柜内的液位。

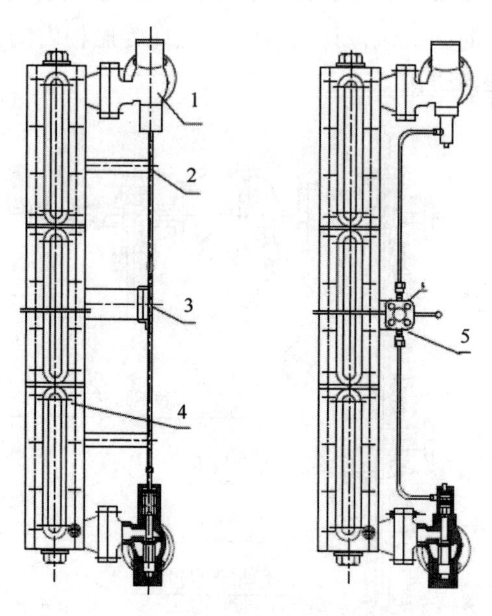

图 3-18　平板式玻璃液位计

1—自闭阀；2—导向支架；3—凸轮操纵机构；4—油位计；5—液压操纵机构

平板式液位计的上下自闭阀在平时是关闭的，所以即使出现玻璃板破裂的情况，容器内的液体也不会流出。能用于压力较高的锅炉和油柜，特别是燃油舱柜为满足船级社规范的要求，必须使用平板式液位计，不能使用玻璃管式液位计。

3）磁性翻板式液位计

磁性翻板式液位计是一种比较新颖的液位计，它最大的优点是安全，可用于各种液体舱柜，特别适用于易燃易爆、具有腐蚀性或流动性差需加热的液体舱柜。但由于它的成本较高，价格较贵，所以船舶与海洋平台上一般仅用于重油（燃料油）舱柜。

图 3-19 中的液位计本体由不锈钢管制成，两端开有两只支管，通过两只截止阀与舱柜相连通，形成旁通管路。上部装有透气螺塞，下部装有泄放螺塞。管子内装有含磁钢浮子，管子的外部装有磁翻板柱，一般磁翻板柱的一半是白色，另一半是红色（塑料制成）或蓝色（陶瓷制成）。平时两只截止阀为常开，故管子内的液位始终与舱柜内的液位一致。而管子内的浮子可随液位的升降而升降，利用浮子内

永久磁体的束性磁场将磁翻板柱推转180°，从而改变它们的颜色，浮子（液位）上升时，磁翻板柱由白色变成红色或蓝色，下降时，又变为白色。对照翻板柱两边刻度板可以读出舱柜液位的高度和体积。

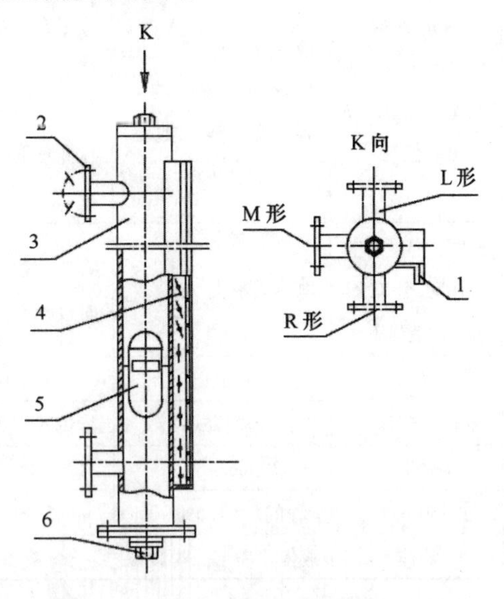

图3-19 基本型磁性翻板式液位计

1—标尺；2—连接法兰；3—本体；4—翻板；5—磁浮体；6—放泄式螺塞或放泄阀

磁性翻板式液位计的种类也不少，有基本型、夹套型、防霜型、地下型等，如果在翻板柱旁边安装液位传感器，还可实现遥控。其中基本型和夹套型在船舶与海洋平台上用得较多。前者主要用于柴油舱柜，后者由于本体为双套管结构，外层空间可以与蒸汽管连接，对管内的介质进行加热，故可用于流动性差的燃油舱柜。

浮球式液位计也是主要用于燃油舱柜，但目前基本上已被磁性翻板式液位计所代替。

7. 液位遥测装置

用测量管测量液舱的液位是简单可靠的方法，但随着自动化程度的高度发展，在各类船舶与海洋平台上装备了各种各样的液位遥测装置，以便快速、集中地测出分布在各处液舱的液位。液位遥测装置的形式见表3-4。

表 3-4　液位遥测装置

形式	浮球式	吹泡式	电容式	电磁式	气电式
原理	由浮子的升降测量液位	在测量管端吹气，与液位平衡后，据压力测出液位	液位的升降，使电极棒与舱壁间的电容改变，测出液位	浮子在导板上升降，浮子有磁性使舌簧继电器动作测量液位	用干燥清洁的压缩空气吹入测量管，与液压平衡后通过气电转换器发生电信号在显示屏上显示液位
优缺点	密度、温度影响小，活动部件多，构造复杂	密度、温度、空气中水分有影响，构造简单	电容影响大	有活动部分，有时接触不良	需要纯净的压缩空气，可以远距离遥测，较可靠
传递方式	可用多种形式	气压	直流电	直流电	直流电
指示方式	模拟式、数字式	液位、气压表	模拟式	模拟式、数字式	模拟式、数字式
可测范围	0.1~30 m	1~50 m	20 mm~50 m	120 mm~30 m	1~30 m
精度	±（5~40）mm	±50 mm	量程的±（1.5%~2%）	±（5~30）mm	量程的±1%
应用	液体	液体	液体、粉末、小颗粒	液体	液体

除表 3-4 所列外，尚有雷达式测量装置，它是利用电磁波的反射原理，测量精度高，投资大，但如果应用到海洋平台，需要得到船级社的认可。

3.2.4　注入系统的设计

平台装载淡水、燃油、滑油等各种液体，是通过注入管向相应的舱内进行灌注。

1. 淡水注入管

中小型船舶一般只设淡水舱，而大型船舶与海洋平台不仅有淡水舱而且还设置饮水舱。出于安全卫生的要求，不论是淡水舱，还是饮水舱，它们的注入管接头应符合相关国家及国际标准。见图 3-20。

淡水舱、饮水舱的注入接头一般分设在两舷。对于小于 100 m^3 的淡水舱，采用 φ65 mm 的注入管已足够。如果大于 100 m^3，则可以采用 φ100 mm 的注入管，而注入管接头使用两只 φ65 mm 的“Y”形接头。出于卫生的要求，饮水舱与淡水舱可分别设独立的注入头。

2. 燃油注入管

不同种类燃油的注入系统应独立，不能混淆，避免把不同的油类错误地灌注

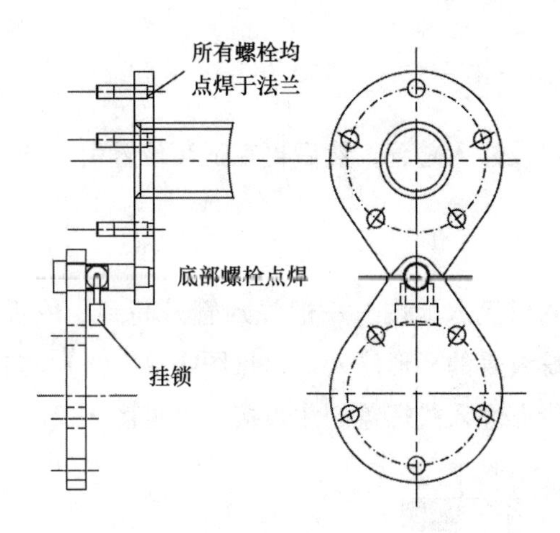

图 3-20　船用饮水舱注入接头

入舱。

海洋平台通常在左右舷各设置一个加油站，左右舷有横贯的连通管，连通管引至所需要灌注的油舱。在设计油舱的注入管子时，应使管子沿舱壁尽可能通至舱底，使油顺壁而下。油舱注入的另一种方法是将连通管接至油输送泵的吸入管，用该泵将油驳入各油舱。

不论采用何种注入方法，平台注入系统都要有防止管路超压的设施，并且超压的泄油必须排至有足够容量的溢油舱，当溢油舱到达高液位（80%～90%液位）时应能报警。

加油站应配有注入阀、盲板（平时一般盲闭）、压力表、温度表以及取样装置。加油站应设有集油槽以防油泄至舷外造成污染，集油槽内的剩油可用管道引至泄油柜。

加油站注入阀的口径，对于燃料油一般取 φ80～φ200 mm，对于船用柴油取 φ65～φ150 mm，视海洋平台工作支持能力而定。海洋平台上还须配置一定数量的异径接头。

3. 滑油注入管

滑油的注入方法大致与燃油的注入方法相同，也设左右舷加油站，由横贯的连通管接通。一般的，滑油的加油站与燃油的加油站并在一起，注入阀的铭牌必须醒目，以免错误注入。

也有的海洋平台，滑油注入采用整桶滑油吊装到平台上，由移动泵注入。一般滑油注入阀取 φ65～φ125 mm，视储存油舱柜的大小而定。

4. 同类液舱的注入

同类液舱的注入可设注入总管，然后再在适当位置引分支到每个舱柜。

5. 注入口设计

为防止污水经注入口流入舱内，一般注入管升高到距甲板 400 mm 左右，再在其管端装置一种带有螺纹盖的杯形注入口，见图 3-21（a）。如不能或不必升高，则可在甲板终止处安装带有埋入式螺盖的注入接头，见图 3-21（b）。

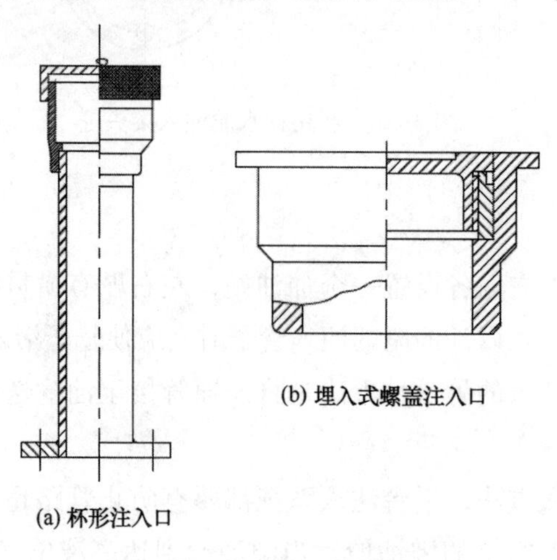

图 3-21　注入口类型

思考题

1. 简述压力自动控制设计时需要考虑的工况。
2. 简述海洋平台轮机系统自动启动工况。
3. 简述海洋平台空气管的数目和布置要求。
4. 简述海洋平台空气管的终止要求。
5. 简述溢流管的设计要求。

第4章 供给系统

教学目标

1. 了解海水、淡水、蒸汽、燃油、通风和压缩空气系统的组成与特点。
2. 熟悉海水、淡水、蒸汽、燃油、通风和压缩空气系统主要设备工作原理。
3. 掌握海水、淡水、蒸汽、燃油、通风和压缩空气系统的设计要求。
4. 重点掌握管路系统压力控制与设定、海水泵功率与冷却水流量计算。

海洋平台的生产与生活时刻离不开供给系统，通过供给系统，钻井、采油动力装置及生活起居设施获得所需要的燃油、海水、淡水、蒸汽和压缩空气等必备生产原料。本章着重介绍海水、淡水、蒸汽、燃油、通风和压缩空气系统的组成与特点，阐述供给系统主要设备的工作原理，并简明扼要地说明系统管路的安装技术要求。

4.1 压缩空气系统

海上平台的生产操作，离不开为仪表、公用设施和启动设备提供稳定、可靠的压缩气体，压缩气体可以是空气、天然气，也可以是氮气。天然气或氮气瓶系统一般都适用于面积较小、设施简单的无人简易井口平台，如涠洲 11—4C 井口平台就是采用了氮气瓶系统；而压缩空气系统较适用于大型平台，尤其是综合性平台。

在我国已投产的海上平台中，绝大多数使用的是压缩空气，压缩空气系统通常是独立橇装的，可连续提供清洁干燥的压缩空气，以满足平台上用风量和用风压力的要求。

4.1.1 启动空气系统

启动空气系统一般由空气压缩机、启动空气瓶、阀、管路及各种附件组成。图 4-1 为压缩空气系统示意图，包括主机启动压缩空气管系、辅机启动压缩空气管系及其他压缩空气管系。

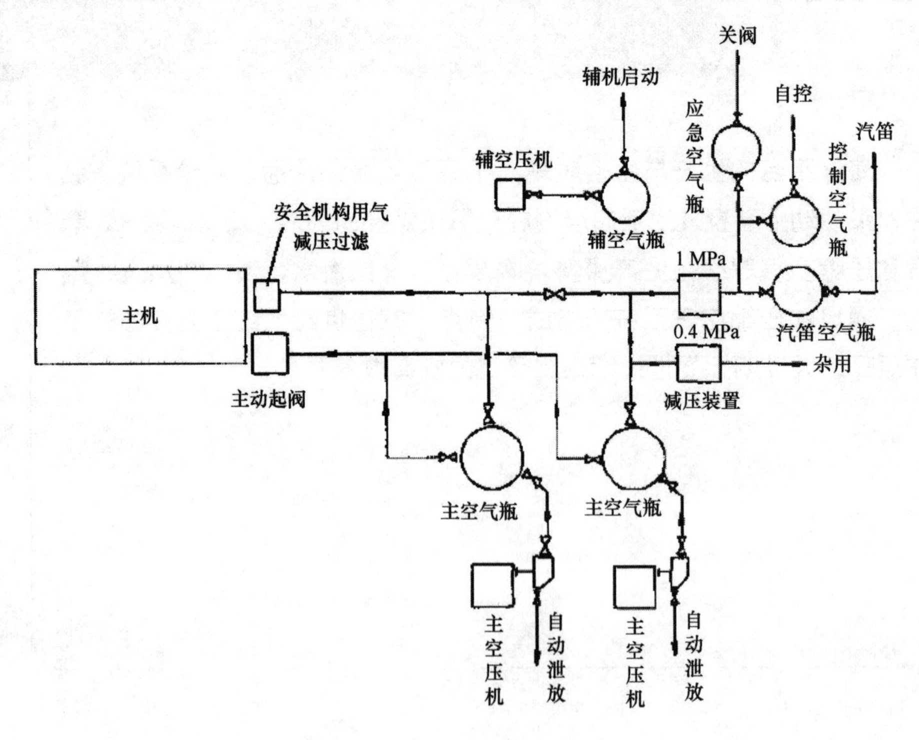

图 4-1　压缩空气系统示意图

柴油机的启动方式可分为手摇启动、电动启动和压缩空气启动3种方式。

1. 手摇启动

手摇启动是利用人力手摇，使活塞运动而进行启动。通常，在25马力（1马力=735.499 W）以下四冲程或二冲程的小型柴油机，可采用手摇启动方式。

2. 电动启动

电动启动是利用电动机的力量带动曲柄连杆机构进行启动。在300马力以下的四冲程或二冲程的柴油机大部分采用电动启动方式。

3. 压缩空气启动

压缩空气启动是利用压缩空气推动活塞运动而进行启动，启动扭矩和功率较大，广泛使用在中、大功率柴油机上，常用的最大启动压力为2.94 MPa。

除了主、辅柴油机的启动以外，海洋平台上还有其他需用压缩空气的设备。为简化设备和系统，这些压缩空气也往往从启动空气瓶引出，经减压阀减压后至各用气设备。为此，空气瓶的容量除满足柴油机启动外，尚应增加以满足其他设备所需的空气量。

4.1.2 系统设备

1. 空气压缩机组

空气压缩机组是海洋平台上的重要设备之一，是保障油田生产的关键因素。在空气压缩机组的设计和选型上，应着重考虑其工作的可靠性和维修保养方便。

1）组成

固定式采油平台一般采用的空气压缩机组是一种电动机驱动、单级螺杆压缩机，它同附属设备管线、导线连接在一起，安装在底座上组成一个动力、控制为一体的完整空气压缩机组。主要由空气进口滤器、压缩机和电动机组件、带冷却器的压力冷却系统、分离系统、载荷控制系统、相关仪表和安全保护装置组成。

2）主要结构和工作原理

在螺杆压缩机里面，通过两根带螺旋槽的转子（阴转子和阳转子）啮合压缩空气，两根转子的轴线相互平行，安装在高强度铸铁的气缸里。气缸的两个端面对角位置上开有进排气孔口。阴转子的齿槽与阳转子啮合，又被阳转子带动。转子的排气侧一端装有滚子推力轴承，以防止转子轴向后移动。结构见图 4-2 和图 4-3。

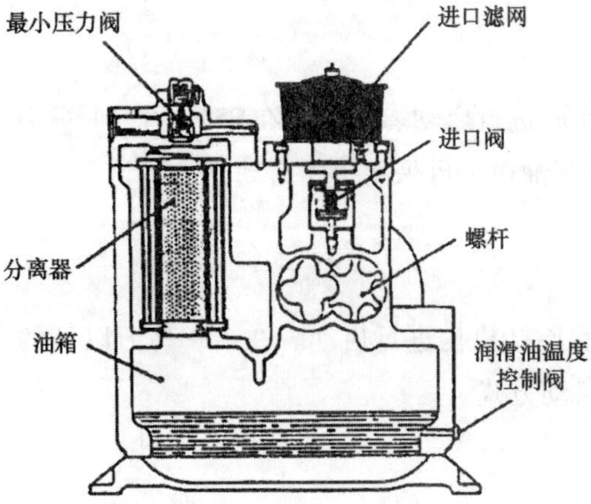

图 4-2　空压机剖视图

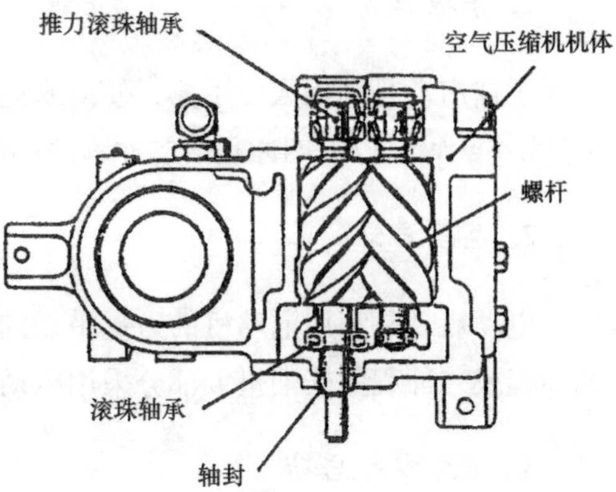

图 4-3　螺杆式空气压缩机

压缩机的工作过程分为吸气、压缩和排气三个阶段。

（1）吸气阶段：采用端面轴向进气，一旦齿槽间啮合线在端面的啮合点进入吸气口，则开始吸气。随着转子的转动，啮合线向排气端延伸，吸入的空气也越来越多，当端面齿廓离开吸气口时，吸气阶段结束。吸入的空气处于一个由阴、阳转子及壳体构成的封闭腔。

（2）压缩阶段：由阴、阳转子及壳体构成的这个封闭腔随着转子的继续移动，向排气端移动，其容积不断缩小，因而气体被压缩。

（3）排气阶段：当阴转子齿到达排气口时，封闭腔容积达到最小，压缩空气被排出。

从上述三个过程来看，螺杆压缩机结构简单，且由于转子高速运转，因此排出的气体稳定，无脉冲现象，从而噪声和振动都较小。但要注意的是，螺杆压缩机有一个经特殊设计的内压缩过程，其排气压力是设定好的，压缩机应在规定的排气压力范围内工作，超出此范围，则压缩机效率会大大降低。

3）机组冷却系统

机组冷却系统是由冷却剂分离器、冷却剂冷却器、温控阀和冷却剂过滤器组成。其作用是冷却、润滑和密封转子与壳体间空隙。冷却剂循环系统见图 4-4。

机组没有冷却剂泵，润滑作用的冷却剂循环是借助冷却剂分离器和主机喷剂口的压差进行的。最小压力阀安装在冷却剂分离器排气口处，其作用是保持压缩机系统中冷却剂分离器内始终有形成冷却剂循环的最小压力。温控阀控制压缩机的最低

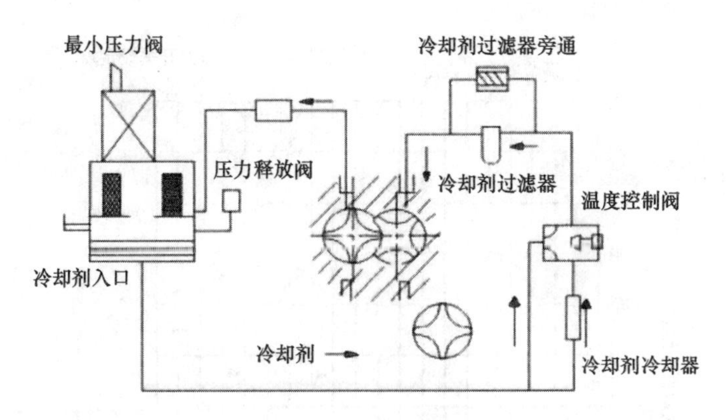

图 4-4 冷却剂循环系统

喷冷却剂温度。冷却剂过滤器是压缩机冷却系统中不可缺少的部分。安装在油冷却器的温控阀之后。其作用是在润滑剂循环过程中，滤去其中的颗粒、碎屑和其他杂质，保证螺杆压缩机转子的可靠工作和防止冷却剂循环管道的结垢。

4）压缩机的进气量控制系统

压缩机的进气量由负荷控制系统控制。压缩机进口的空气过滤是由一个纸质干式滤清器来完成的。对于机组排气温度过高、轴承冷却剂温度过高、电器过载等设有保护装置，确保机组安全运行。

机组配备有 3 种气量控制系统，用户可根据需要进行选择。

（1）开关控制：此控制装置适用于间歇性用气，且用气量与压缩机额定量相匹配的工艺流程。在这种控制方式下，压缩机可以全气量供气或在低排气压力下排气时为零运转（压缩机为最小功耗状态），这实际上就是控制蝶阀的全开和全关，使机组具有满载和空载两种工况。

（2）调节器控制：调节器控制适用于压缩机持续大排气量的场合，保证压缩机在用气量比额定气量低或用气波动的情况下经济有效地工作。

调节器控制装置由 ON/OFF 控制再加上调节器组成。它保留了开关控制功能，但是，当管路压力未达到压力开关上限时，增加了进气节流功能。

调节器主要由膜片控制的针阀、弹簧和调节杠杆组成。其内部的膜片在压力作用下发生位移，压力越大，位移量越大，膜片的位移推动调节杠杆，使控制油缸向左移动，将蝶阀的开启度减少，压缩机的进气量则减小，使供气与用气平衡。

（3）自动停机-启动（ACS）控制：此控制方式由压力开关和延时继电器自动控制，机组无论在开关控制状态还是在调节器控制状态，该控制都起作用。它特别适用于用气量大，有大储气能力或有备用气源自动补气的工厂。气量调节见图 4-5。

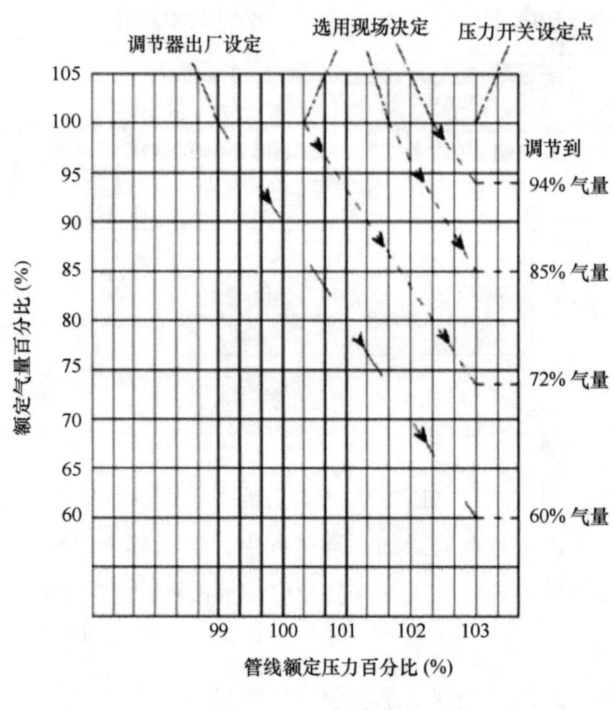

图 4-5　气量调节图

5）系统控制

（1）电机启动后，10 s 空载，以便电机达到全速运转并使压缩机所需润滑的部分进行恰当的润滑，压缩机投入运行。

（2）当工厂风储罐压力达到 800 kPa 时，打开工厂风用户和仪表风用户手阀，给平台提供工厂风和仪表风。

（3）当工厂风压力上升到 1 034 kPa 时，则两台压缩机卸载运行，随着用户的不断用气，压力逐渐下降，降到 930 kPa 时，第一台空压机自动加载，投入运行，当此时压力继续下降到 830 kPa 时，第二台空压机自动加载投入运行，直到仪表风储罐压力达到 1 034 kPa。

（4）如果第二台空压机处于空载状态 30 min 内，仪表风储罐压力都未降到 830 kPa，即第二台空压机在 30 min 内未自动加载，则第二台压缩机自动停止运行。

（5）如果第一台空压机处于空载状态 30 min 内，仪表风储罐压力都未降到 830 kPa，即第一台空压机在 30 min 内未自动加载，则第一台压缩机自动停止运行。

（6）控制盘上的顺序选择开关，可以手动设定第一台、第二台和备用压缩机。整个系统的控制、调节功能均由仪表控制盘自动进行。

（7）工厂风储罐低压开关（设定值 689 kPa）、高压开关（设定值 1 138 kPa）动作时，系统报警。

（8）仪表风储罐低压开关（设定值 700 kPa）、高压开关（设定值 1 138 kPa）动作时，系统报警。低压力开关（设定值 600 kPa）动作时，将引起整个系统关停。

（9）在运行过程中，如果压缩机出口压力高，引起压力开关动作，或压缩机轴承温度过高，温度开关动作，都会引起仪表风系统关停。

（10）如果压缩机进口过滤器压差高或者仪表风储罐进口的前过滤器、干燥器和后过滤器压差高，现场控制盘将出现报警，此时应尽快更换或清洁过滤器，否则将会引起仪表风系统故障关停。

2. 压缩空气瓶

压缩空气储备由系统中所有的容纳设备组成。充足的储备可以满足在任何需要的时候可释放出数量足够而且符合压力要求的压缩空气。空气瓶通常表示整个储备量的大小。这也就要求有尺寸合理的空气瓶，能为任何需求高峰提供充足的压缩空气。在高峰时，一个设计不良的系统会造成管网压力的下降，从而无法满足设备对压力的需求。另外，在多台空压机的系统中，每台空压机不是每时每刻都在运行，有时实际的供气量可能比系统设计的供气量低，而空气瓶起到了缓冲作用。在另外一台空压机启动之前，储备的压缩空气就可用来防止系统压力的下降。

储备量的确定要考虑到超额需求量、空压机起停次数以及补充储备气量的时间。根据平台规范的有关规定，供主机启动的空气瓶应该设有两只以上，它们总容量在不补充压缩空气量的情况下，对可逆转主柴油机能从冷态连续启动不少于 12 次，对不能换向的主柴油机能从冷态连续启动不少于 6 次。

通常压缩空气瓶配有压力表、温度计、压力安全阀和卸放阀等，见图 4-6。

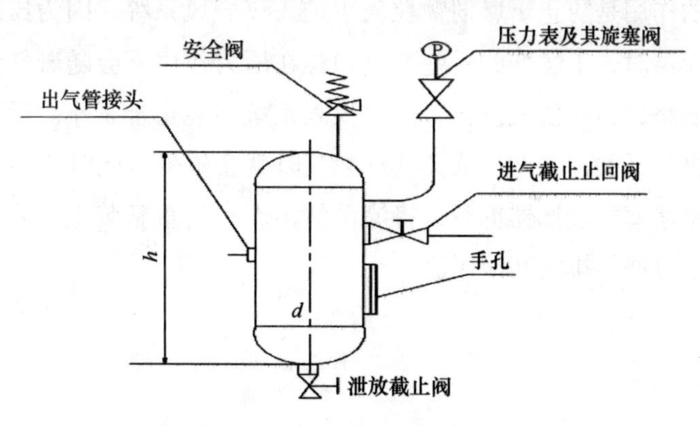

图 4-6　压缩空气瓶简图

3. 前过滤器

前过滤器的作用是除去压缩空气中所含的油和水。将直径大于 0.025 μm 的油、水颗粒除去，使这些油和水不至于进入下游的干燥器，否则干燥器吸收了大量的油、水后会降低干燥效率，缩短干燥剂的寿命，从而增加操作和维护费用。前过滤器的额定处理 706.87 m^3/h，最大工作压力 2 063 kPa。前过滤器装有差压计和差压报警开关，当压差大于 103 kPa 时，控制板及中控室报警，此时应手动切换另一台过滤器，并将使用过的过滤器拆开，清洁滤网后再重新装好。前过滤器下部安装有手动排放阀，用于排放过滤器内的积液和泄压。

4. 干燥器

双塔式无热再生吸附式干燥器的干燥剂为活性铝，含有水蒸气的压缩空气通过双塔中的一个塔，在塔内将压缩空气中的水分吸收，达到干燥的目的。与此同时，从塔中分出一部分干燥空气（7%~15%）通过一降压阀（压力降到大气压，降低空气的露点）后送至另一塔中，使饱和的干燥剂进行再生，干燥的空气吸收了再生塔中的水蒸气后放到大气中。当第一个塔中的干燥剂达到饱和程度时，第二个塔内的干燥剂已再生完毕。这过程可以自动切换，使第二个塔处于工作时，第一个塔实现再生，两个塔一般 5 min 切换一次，干燥器设有压力计、安全阀、切换开关、失效报警、差压指示及差压报警开关，当差压大于 103 kPa 时就会报警，此时表明应更换干燥剂。

5. 后过滤器

后过滤器的作用是防止干燥剂颗粒灰尘进入仪表风系统，因为压缩空气的压力较高，经过干燥器时，干燥剂的一些细微颗粒在压力作用下会随着气流进入下游系统，堵塞供气线路，损坏仪表设备，使得仪表系统不能正常工作。后过滤器上装有差压计和差压报警开关，当差压大于 103 kPa 时就会报警，此时应尽快切换到另一台过滤器，并将堵塞的过滤器拆开，将滤网清洁干净后重新装上，后过滤器下部装有排放阀，用于过滤器排液和泄压。

4.2 蒸汽系统

蒸汽的产生有几种方案可供选择：一是电加热；二是水蒸气锅炉加热；三是热

介质炉加热。电加热一般都用于电器设备的空间加热器和一些管线的伴热等，很少以电加热作为平台的公用热源。热介质锅炉供热系统具备操作方便、安全可靠、无腐蚀性、维护量少、经济性好等优势，因而成为石油化工行业的首选供热系统。

4.2.1 热介质锅炉的形式

根据燃料的不同，可以将热介质锅炉分为燃气锅炉、燃油锅炉、燃油燃气两用锅炉和废热回收锅炉。燃气锅炉的燃料为天然气，燃油锅炉的燃料为柴油，两用锅炉有两套燃料系统，既可烧柴油，又可以烧天然气。废热回收锅炉主要是利用燃气轮机的高温尾气来加热热介质，即热电联供。海上采油气平台多用双燃料锅炉和废热回收锅炉。两种方案相比，热电联供不需要直接燃烧的热源，而是利用燃气轮机排烟中的余热作为加热源，其主要优点是提高了热能的使用效率，降低操作费。但由于余热回收装置的使用取决于燃气轮机是否投入使用，同时，其工作状态也会直接影响发电机组的正常操作，因此，热电联供的系统操作机动性较差，对控制和操作的可靠性要求较高。下面对双燃料锅炉和废热回收锅炉分别进行简要介绍。

1. 废热回收锅炉

废热回收锅炉就是利用燃气轮机排出的高温烟气对热介质进行加热的一套系统，回收锅炉本身结构简单，主要由换热盘管和一些附属管线组成。图4-7是一座采油平台废热回收工艺流程的一个具体例子，燃气轮机排出的高温烟气通过烟气分流阀进入热介质锅炉，在炉内加热热介质，被冷却后的烟气排入大气，通过分流阀分流出的多余烟气，经旁路烟道排入大气。系统内的热介质经循环泵加压后进入热介质锅炉加热，加热后的热介质被送到系统中的各个用户，供各用户使用。通过用户后的热介质返回循环泵加压，然后再次加热循环。热介质的主回路通过膨胀管线和膨胀罐相连，以吸收系统内热介质由于温度变化而产生的膨胀量和负荷变化时系统内产生的压力波动。膨胀罐内加有一定压力的氮气，一方面维持系统内的静压；另一方面作为密封气，隔离高温热介质和空气接触，防止热介质氧化。另外，系统还设有一补充罐和补充泵以补充系统内热介质的消耗及更换系统内的热介质。

2. 双燃料锅炉

双燃料锅炉供热系统除供热锅炉本体同废热回收锅炉在结构上存在较大的不同以外，其工艺流程基本上相同。它也由热介质锅炉、循环泵、膨胀罐、补充罐和补充泵组成。因为双燃料锅炉需要一个直接燃烧的热源，因此其结构比较复杂，它主

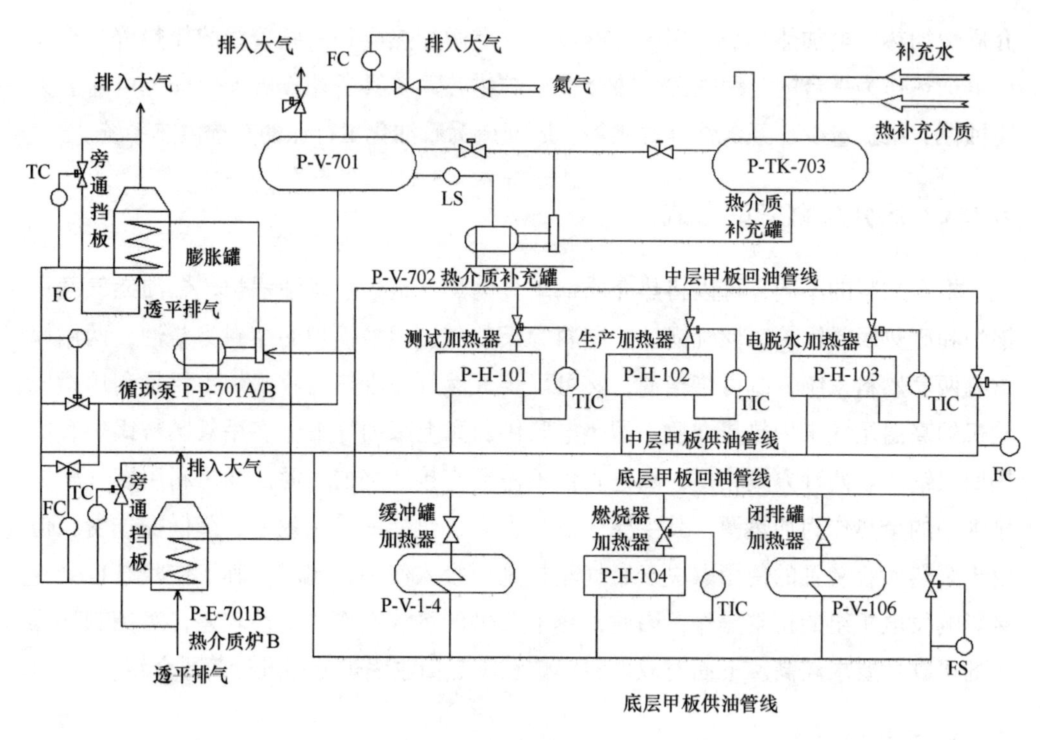

图 4-7　平台废热回收锅炉系统工艺流程图

要由燃料系统、空气系统、点火系统、排烟系统、热介质循环和补给系统组成，燃料系统又分为气体燃料系统和液体燃料系统。

4.2.2　水蒸气锅炉

水蒸气锅炉是一种将燃料所储藏的化学能转变为水蒸气的热能的一种供热设备，它由锅和炉两大部分组成。炉是锅炉中燃料燃烧的场所，即燃烧设备和燃烧室，它的作用是提供燃烧所需要的条件，使燃料着火燃烧，将其化学能转化为热能释放出来，完成燃烧过程。锅是容纳水和蒸汽的部分，作用是提供足够的受热面，让炉内燃料燃烧产生的热能通过这些受热面传递给水，水在锅内不断循环流动，吸热升温和汽化，完成传热过程。锅炉的工作过程由燃烧过程和传热过程组成。

通常水蒸气系统包括日用蒸汽系统、凝水系统和锅炉给水系统几个部分。

1. 蒸汽系统工作流程

图 4-8 为典型的蒸汽及凝水系统示意图。锅炉产生的蒸汽经主蒸汽阀通过蒸汽总管和支管引至各个用汽设备。蒸汽在各个用汽设备中放出热量并冷凝成凝水，汇

集到凝水总管（或集合管内），在蒸汽压力的作用下，经阻汽器回至大气冷凝器、凝水观察柜，最后回至凝水柜（热井）。也可直接回凝水观察柜，有时凝水观察柜与凝水柜还组合在一起。凝水柜内的凝水被锅炉给水泵抽出，经给水阀打入锅炉，完成了汽-水循环工作回路。

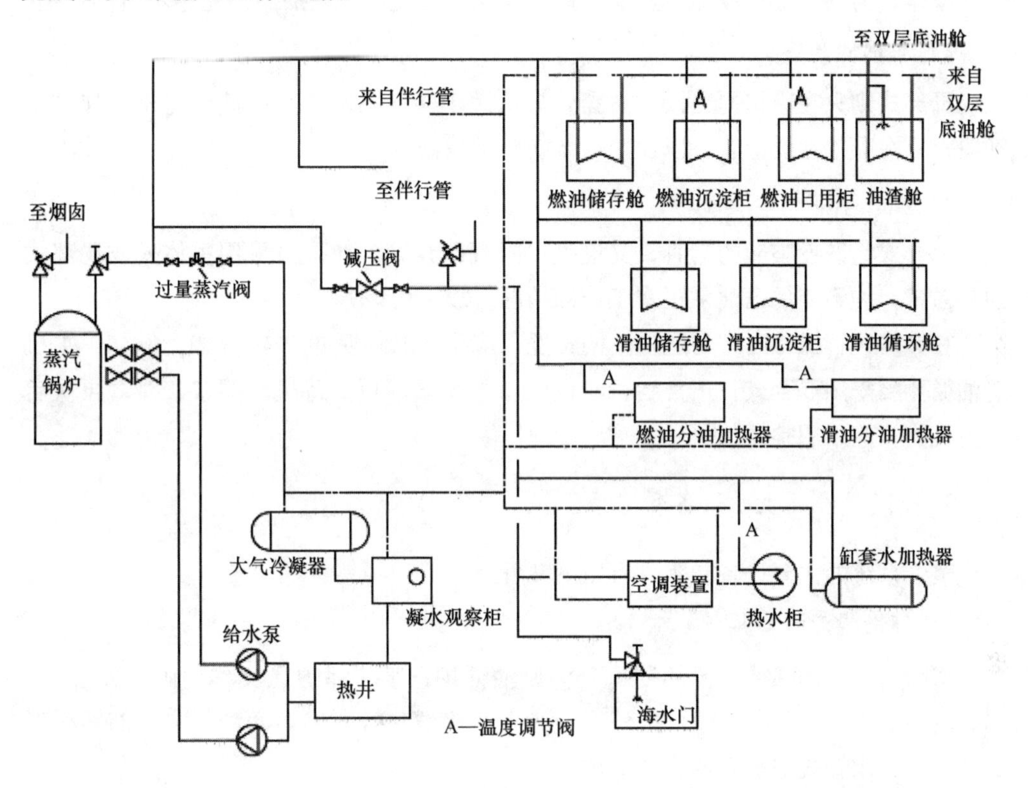

图 4-8 典型的蒸汽及凝水系统示意图

采用分配集管和凝水集合管是为了便于集中控制，但往往管路较多。集管的设置应根据用汽设备和管路的布置情况而定，一般在机舱内分层和分左右舷设置。

该蒸汽系统的工作压力为 0.7 MPa，但有些用汽设备如热水柜、舱底水分离器、造水机（制淡装置）、机舱集控室小空调、海水门冲洗等使用的蒸汽压力为 0.3 MPa，故在分总管上还需设置 0.3~0.7 MPa 的减压阀组。减压阀组一般由减压阀、“Y”形滤器、隔离阀、旁通阀、压力表等组成。旁通阀的作用是当减压阀损坏修理或更换时，保持蒸汽的畅通。

2. 蒸汽系统加热方式

日用蒸汽的一个主要用途是对液体舱柜进行加热，但对液体舱柜加热的介质也可以采用热水、蒸汽、热煤油和用电加热。蒸汽对液体舱柜加热的方式可分为整体式、局部式和混合式。

1）整体式加热

整体式为整个油舱设加热盘管，适用于储存黏度比较高的燃油舱柜和滑油舱柜。

2）局部式加热

局部式则只在吸口周围设加热盘管。适用于储存黏度不高的液体舱柜，如重柴油舱，只在吸口处设盘管，以便输油泵能正常吸油。

3）混合式加热

混合式为既设整舱的盘管，又设吸口附近的盘管。如果只采用整体式或局部式加热系统，均不能保证油泵正常工作的情况，故采用该方式。

在具体运行操作时，为适应不同工况，应采用较灵活的加热方式。例如，主机滑油循环舱采用混合式，正常运行时仅吸口处加热即可；待机时间较长时，再次启动主机前，应采用整体加热。

3. 蒸汽系统的主要设备和附件

蒸汽系统的主要设备和附件有以下几种。

1）辅助锅炉（副锅炉）

辅助锅炉按加热的热源不同可分为燃油锅炉、废气锅炉（又称为废气经济器）和燃油-废气混合锅炉3种。按外形分为立式锅炉和卧式锅炉两种，按内部结构形式又可分为水管式锅炉和烟管式锅炉。

（1）燃油锅炉。燃油锅炉的燃料可以是轻柴油（轻油）、重柴油或燃料油（重油）。燃油锅炉由本体、炉膛、炉门、火砖、炉管、烟管、烟囱、蒸汽阀、空气阀、给水阀、安全阀、水位表、泄放阀及自动控制装置等组成。炉门上装有锅炉燃烧装置。图4-9为立式燃油锅炉结构示意图。

（2）废气锅炉。废气锅炉的加热热源是利用柴油机（主机）的排气（350～400℃）来加热水和产生蒸汽。由于是利用废气加热，不需装设炉膛、燃烧室等，故较为简单。为了保证锅炉正常而安全的运行，它也装有一般锅炉所设的附件和自控装置。

（3）燃油-废气混合锅炉。即将燃油锅炉和废气锅炉合并为一只混合式锅炉。它的优点是减少了运行管理的工作量，缺点是结构相对比较复杂。

2）凝水柜

凝水柜又称为热井。凝水柜的作用是调节水量和必要时给水加热。在实际运行

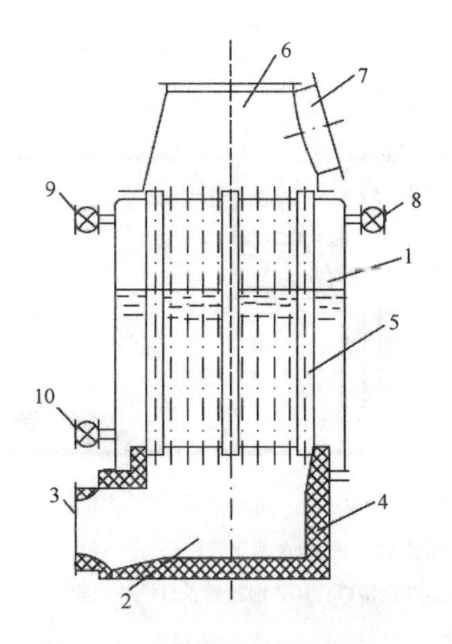

图 4-9　立式燃油锅炉结构示意图

1—锅炉本体；2—炉膛；3—炉门；4—火砖；5—炉管；
6—烟管；7—烟囱；8—蒸汽阀；9—空气阀；10—给水阀

中，从各个用汽设备流出的凝水，由于管路的泄漏和用汽设备的突变，总是和需要送入锅炉的给水量不平衡，这时凝水柜就起到了调节水量的作用。凝水太多时，就储存在凝水柜中；凝水太少时，则由淡水压力柜通过补充水阀自动补给凝水柜。

图 4-10 为典型的热井结构图。它由凝水观察柜和凝水柜两部分组成，从用汽设备来的凝水先进入观察柜，随后通过内部的溢流管流至凝水柜的过滤空间，此处装有盖板和过滤装置，一般由滤板和丝瓜筋、泡沫塑料或焦炭组成，用来吸附凝水中的油污和垃圾杂物。观察柜的一侧装有观察窗，可随时检查凝水中是否含有油污，以判断油舱加热管路是否发生泄漏，如果凝水中含有油分，将会造成锅炉危险。

凝水柜上一般还装有凝水进水阀，出水阀，空气管，水位计，自动和手动补充水阀，加热盘管，高、低水位报警装置，温度计，盐度计，泄放阀，溢流管等。

3）阻汽器

图 4-11 为热动力式阻汽器。阀盖 5 和阀体 2 用螺纹连接。阀盖和阀片 6 之间是变压室 4，阀座 8 上开有环形水槽 7，环形水槽下面有一条泄水孔 3 与阻汽器的出口相通，用销钉与阀体固定。

当凝水从阻汽器的进口流入后，由于变压室 4 蒸汽的凝结和泄漏，压力逐渐下降，当阀片 6 下面的力大于阀片上面的力时，阀片即迅速开启。由于水的重度大、

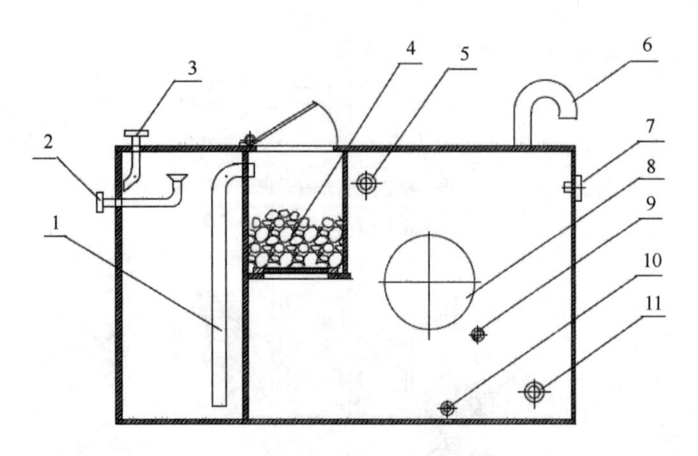

图 4-10　典型的热井结构图

1—内部连通管；2—撇油管；3—凝水回水管；4—过滤物；5—溢流管；6—空气管；7—补充水管；8—人孔；9—温度计接口；10—泄放管；11—给水管

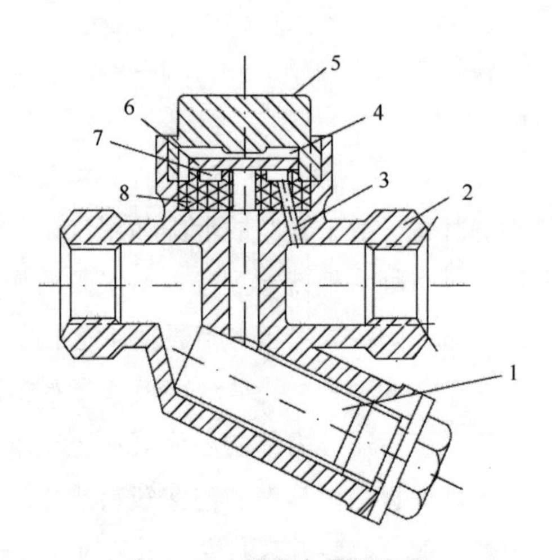

图 4-11　热动力式阻汽器

1—过滤网；2—阀体；3—泄水孔；4—变压室；5—阀盖；6—阀片；7—环形水槽；8—阀座

黏滞系数大、流速较小，加之结构特点，阀片能保持微量开启状态，凝水从环形水槽 7 的泄水孔 3 流出阻汽器。如果蒸汽流入阻汽器，由于蒸汽的重度小、黏滞系数小、流速大，使阀片与阀座间造成负压，同时，蒸汽又容易通过阀片与阀盖的缝隙流入变压室。当阀片上面的力大于阀片下面的力时，阀片就迅速关闭，从而阻止了蒸汽向外流出。变压室中的蒸汽由于散热而逐渐冷却，致使其压力也不断下降，当凝水再次进入阻汽器时，便重复了以前的工作过程。阻汽器下部过滤网 1 的作用是过滤蒸汽中的杂质。

4）大气冷凝器

大气冷凝器的作用是冷却过量蒸汽成凝水和将凝水冷却到一定温度，如有少量的蒸汽回至大气冷凝器也被冷凝成水。

3. 给水系统

1）给水系统组成

热井中的凝水经过给水泵送入锅炉。通常给水系统中装有两台给水泵，互为备用。给水泵前装有流量计和盐度计（也可装在热井上）。流量计用来测量锅炉的蒸发量，以确定锅炉的工作是否正常。盐度计用来测量给水中的含盐量。给水中盐分过高会缩短锅炉的寿命和降低锅炉的工作效率。

在给水管路上还并联有一只化学药剂柜及泵组，其作用是使进入锅炉的淡水质量符合规格书上的技术要求，确保锅炉的正常工作。因而需要对进入锅炉的水进行一定的处理，如软化处理等。另外锅炉使用一段时间后还需要进行化学清洗，也可通过在药剂柜内投药和用泵组循环进行清洗。

2）给水泵

锅炉给水泵一般采用旋涡泵。这种泵的叶轮直径小，结构简单紧凑，适用于输送排量小和压力较高的清水场合。由于锅炉给水泵输送的热水温度较高，故泵轴的密封结构要适应温度的变化，密封材料也有特殊的要求。

3）给水泵控制方式

给水泵的控制方式有两种，一是由锅炉水位控制，高水位时泵自动停止，低水位时泵自动启动；二是由锅炉给水压力控制。锅炉燃烧时，水泵也一直在运转，当锅炉内压力低于设定压力时，给水泵将水压入锅炉内；当锅炉内压力达到压力控制阀设定的压力时，该阀就打开，使给水泵排出的水通过压力控制阀回至热井。

4.2.3 暖气管路的布置和安装

海洋平台上暖气管路的布置方式按照蒸汽引入取暖器及凝水从取暖器流出的方式不同，可分为单管式和双管式。

1. 单管式暖气

1）单管式暖气流程

单管式暖气管路见图4-12。取暖器的蒸汽供给和凝水排出都接在一根公共总管上。新蒸汽由蒸汽分配集管依次进入取暖器9。由于从前一个取暖器出来的蒸汽和凝水并入了同一根管路，因此当再次进入下一个取暖器时的蒸汽温度有所降低。所以距离蒸汽分配集管越远的取暖器的传热效率就越低。

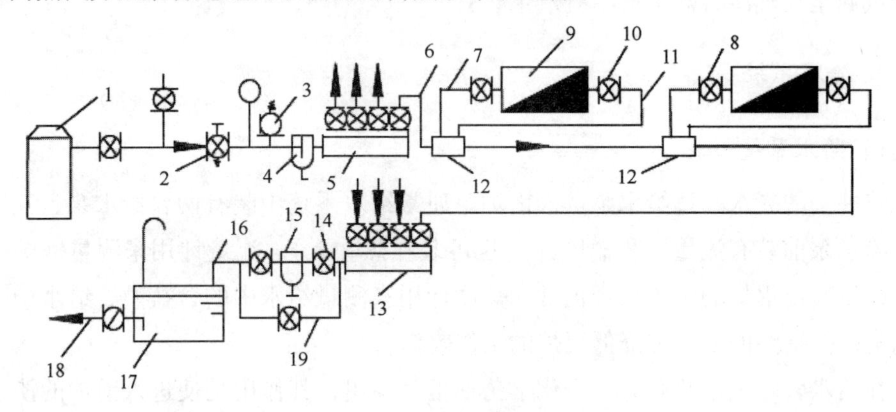

图 4-12　单管式暖气管路

1—锅炉；2—减压阀；3—安全阀；4—汽水分离器；5—蒸汽分配集管；6—蒸汽分总管；7—蒸汽支管；8、10、14—截止阀；9—取暖器；11—凝水排出支管；12—抽射器；13—凝水集合管；15—阻汽器；16—凝水总管；17—凝水柜；18—至给水泵管；19—旁通管

2）抽射器工作原理

为了促使凝水容易从取暖器排出，在取暖器的进汽管和出汽管之间设置抽射器。它布置在低于取暖器的位置，这样可以使管路工作可靠。抽射器的结构见图 4-13。蒸汽和凝水混合汽水进口管1是个截面逐渐缩小的喷管，在它的管侧壁开有接入取暖器进口的接头2。在进口管的后端是抽射器出口管4，在其侧壁开有接入取暖器出口的接头3。混合汽水经过截面逐渐缩小的进口管以后，压力逐渐减小，流速逐渐增加能在取暖器进出管路之间形成100~600 mm水柱的压差，通过出口管把取暖器内的蒸汽和凝水抽出。

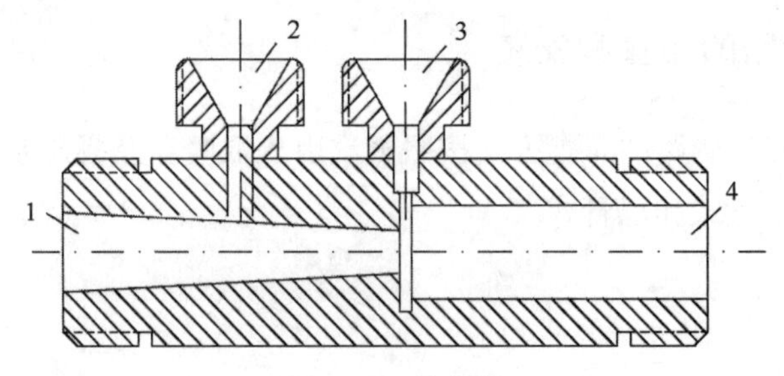

图 4-13　抽射器

1—蒸汽和凝水混合汽水进口管；2—取暖器进口接头；3—取暖器出口接头；4—抽射器出口管

在单管布置的管路中采用抽射器，可以在管路内得到大致相等的蒸汽温度和压力，克服了单管暖气管路的效率越到后级越低的缺点，使得各个取暖器的散热面积达到一致。

单管式暖气管路的优点是布置简单、重量轻。

2. 双管式暖气管路

双管式暖气管路见图 4-14。双管式暖气系统装有凝水管，蒸汽经散热后的凝水都在凝水管中排出，每一散热器供给的都是新蒸汽。因此，散热效率高。但这种装置附件较多，成本高。

在图 4-14 中，供暖气设备的蒸汽，沿蒸汽主管 1 流动供给每一肋片散热器 3。肋片散热器中蒸汽经散热后变成凝水回到凝水柜后再抽入锅炉加热成为蒸汽。

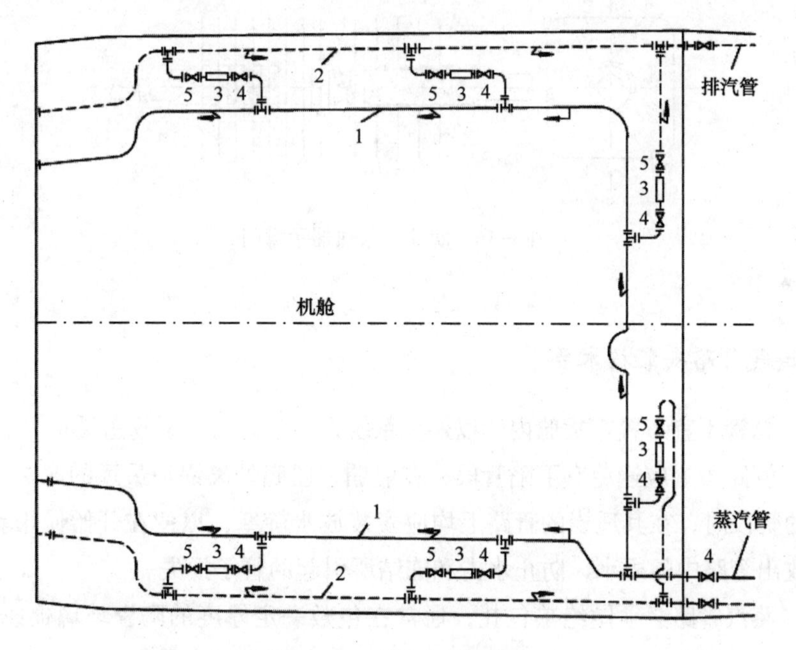

图 4-14　双管式暖气管路

1—蒸汽主管；2—凝汽主管；3—肋片散热器；4—截止阀；5—封闭阀

图 4-15 为封闭阀示意图，封闭阀装在散热器出口处，相当于一只止回阀和阻汽器。

图 4-16 为肋片式散热器示意图，它的作用是增大散热面积，提高热效率。

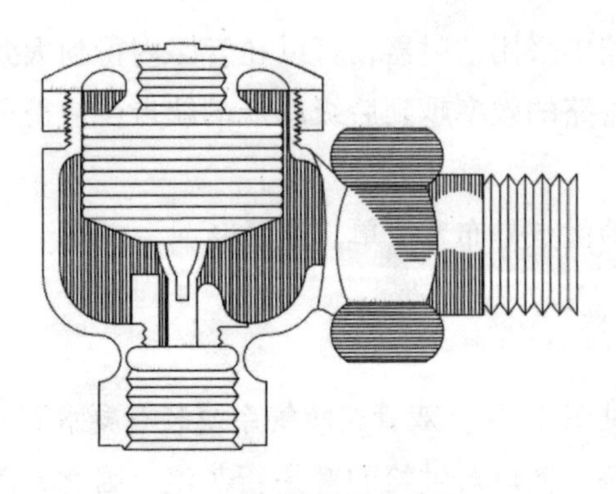

图 4-15　封闭阀示意图

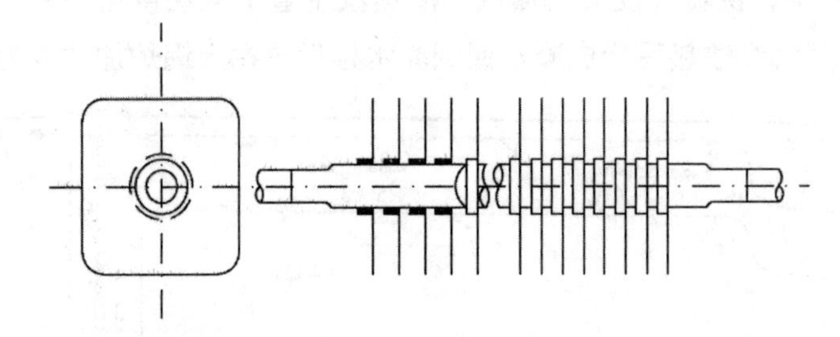

图 4-16　肋片式散热器示意图

3. 暖气管路安装技术要求

（1）总管不宜布置在货舱内，以避免系统发生泄漏时，货物遭受损失。

（2）管路布置应避免有下陷管段，在船艏、船艉处离锅炉最远的取暖器或必须有下陷的管段时，在其适当的管路上均应安装放水旋塞，以便在开始使用和停止使用时，放出管路中的凝水，防止水击和冻结所引起的管子损失。

（3）蒸汽管路必须做绝热包扎，通常在包敷一定厚度的陶瓷玻璃棉或矿棉后，外面再包一层帆布。凝水管路不需做绝热包敷，但为了避免烫伤人员，可包敷一层或二层帆布。

（4）为了便于控制，由分配集管分出的各根干管，必须装置截止阀和注明甲板层或舱室名称。

（5）为了防止管子因受热膨胀而破坏连接的紧密性，必须在适当的地方装置弯管式膨胀接头。膨胀接头宜水平或向上装置，防止积水和阻止水流。

（6）蒸汽管和给水管采用无缝钢管，凝水管可采用无缝钢管或黑铁管。

4.2.4 热介质锅炉系统与水蒸气锅炉系统的比较

（1）与水蒸气锅炉相比，热介质供热系统在热交换过程中没有相的变化，系统压力低，对管线附件、换热设备、循环泵等压力级别要求低，提高了经济性和安全性。

（2）热介质对系统内的管道及换热设备没有任何腐蚀性，而且不会像水蒸气系统形成水垢，降低传热效率。因此，热介质系统的热效率高，并省去了水蒸气锅炉系统的硬水软化处理系统。

（3）热介质锅炉系统的经济性还表现在安装、操作和维护费用低，它消除了水蒸气锅炉系统的大管径输送蒸汽管道、蒸汽放空系统和压力控制装置，在相同负荷下，热介质锅炉系统的成本仅为水蒸气锅炉系统的1/4~1/2，同时维修量少，没有供热过程的冷凝损失，不需要专门持证的操作人员，也没有水蒸气锅炉的化学处理的费用。

（4）热介质锅炉系统的主要优点是操作温度高，化学稳定性好，油补充量少，对温度变化控制迅速，热容量大，凝固点低，泵的输送性好，温度控制精确，可在±2℃以内，饱和蒸汽压力低，适用温度范围大，传热效率高，使用寿命长等。

（5）热介质价格较贵，一般设有惰气密封系统，以防止热介质氧化，降低使用寿命。

4.2.5 热介质锅炉系统运行中的注意事项

热介质锅炉系统运行中需要注意的事项包括：①检查并记录系统的压力、流量、温度和液位等参数；②通过观察孔和火焰探测器检查锅炉燃烧状态是否稳定；③检查热介质循环泵的运行情况，是否有异常的振动和噪声；④检查燃油或燃气系统的运行情况，如燃油液位、燃油输送压力或燃气压力、有无燃气泄漏等；⑤检查膨胀罐和各管线的情况，管线是否通畅，膨胀罐的压力和液位是否正常；⑥检查氮气管线的压力；⑦检查补充罐的液位和补充泵的润滑油液位是否正常；⑧定期对热介质进行取样化验分析。

4.3 海水系统

海洋平台的生产，需要提供大量用水，由于平台远离陆地，不可能大量使用淡水，只能就地取用海水。海水主要用于工艺介质冷却、设备冷却、空调、修井及钻井、冲洗设备、移动平台压载、消防及甲板，在需要时可作地层注入水及其他用途的水。

4.3.1 海水提升系统

海水提升系统一般由海水提升泵、海水粗过滤器和次氯酸钠发生装置（或电解铜离子处理装置）组成。

对于移动式海洋平台，通常在海水提升三角泵架上安装两台潜水泵，考虑到冷却用水和海水舱的供水处于长期运转状态，因而泵运转是一用一备；另外单独存放一台应急潜水泵，该泵平时置于平台甲板上，应急使用时可用吊机将其置入海水中通过软管连接向各压载舱和海水舱中注水。海水提升泵将海水提升到平台，在泵出口处加入具有扼杀海洋微生物作用的次氯酸钠溶液，经粗过滤器进行过滤后再送到各用户。多余的海水经系统中的压力控制阀调节排回海中。

图 4-17 为某海上油田的海水提升与供给系统工艺流程，图 4-18 是海水提升泵架结构图，潜水泵装入三脚架护管内，以抵御海浪的冲击破坏。

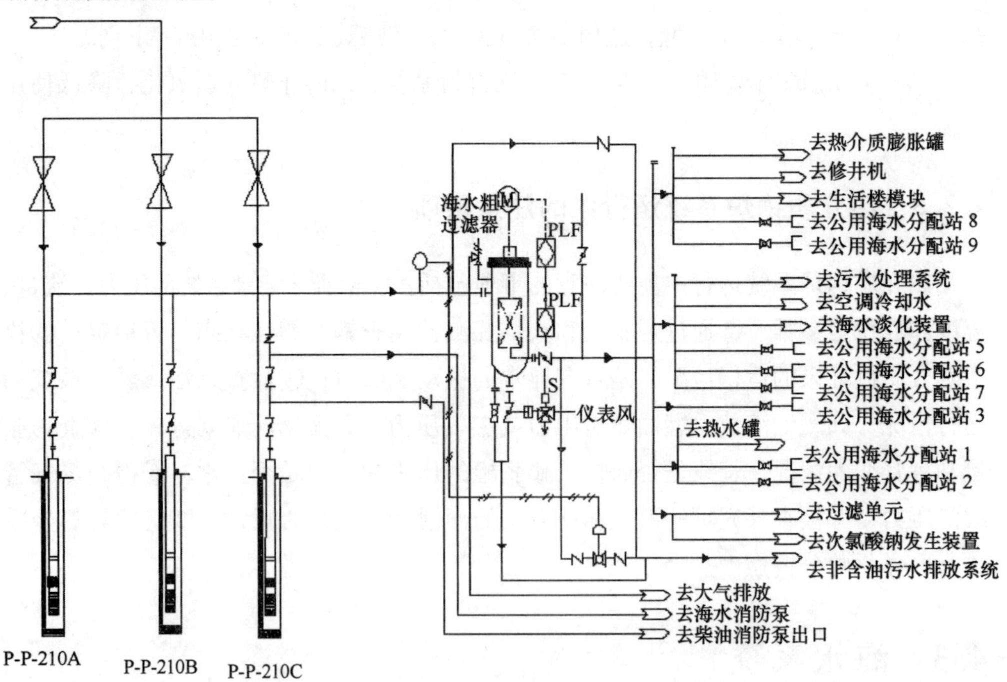

图 4-17　海水提升与分配供给系统工艺流程图

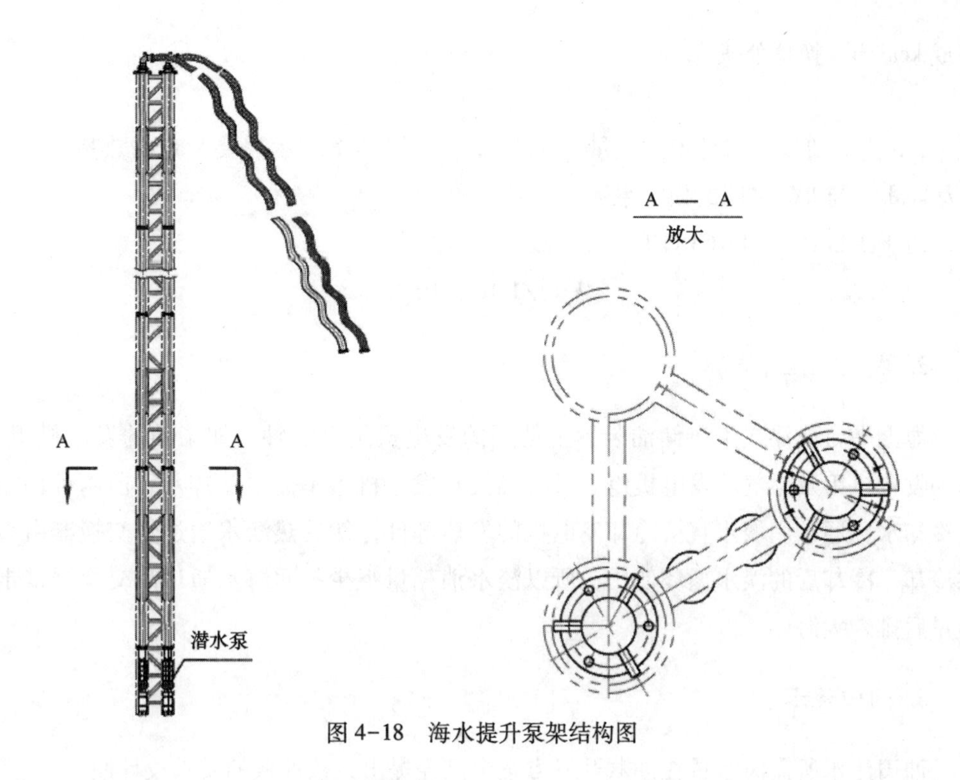

图 4-18　海水提升泵架结构图

4.3.2　海水用户

1. 工艺过程冷却水

在油、气加工过程中，对油、气产品有时需要降低温度，才能进行下一步加工、运输或储存。在海上平台，海水是一种廉价的冷却介质，常被用来冷却天然气或原油。油、气加工工艺通过物料及热量平衡模拟计算后，应可提出换热需要带走的热量，由此热量可以计算出需要的冷却水量，计算公式为

$$W=q/\left[(t_2-t_1)S_p\right]$$

式中，W 为所需冷却海水流量，m^3/h；q 为需要带走的热负荷，kcal/h；t_1 为海水进换热器时的温度，℃；t_2 为海水出换热器时的温度，℃；S_p 为海水的比热容，约 1 000 kcal/（m^3 · ℃）。

（t_2-t_1）为海水进、出热交换器的温差，通常取 8～10℃，温差大可以减少水的消耗，但需要热交换器的面积大，使换热器体积加大，质量增加，在经济上不一定合适，所以设计时在冷却水耗量与热交换器面积之间应进行权衡。

热平衡模拟计算后，需要带走的热量往往以功率的形式给出，为此需将功率换

算成 kcal/h，换算公式为

$$q = kp$$

式中，q 为需要冷却水带走的热量，kcal/h；p 为以功率表示需要带走的热量，kW；k 为 kcal/h 与 kW 之间的换算系数。

由于 1 kcal/h = 1 163×10⁻³ kW，故

$$k = 1/1\ 163\times10^{-3}$$

2. 发电机组冷却水

海上平台或浮式生产储油装置上使用的发电机组有多种，如柴油的发电机组、原油发电机组及燃气轮发电机组。只有燃气轮发电机组不需要冷却水，前两种均需要冷却水，通常用淡水直接冷却发电机的发热部件，然后热淡水通过热交换器由海水冷却，冷却后的淡水循环使用，所以淡水消耗量很少；而海水通过热交换器带走热量后排入大海。

3. 油田注水

油田注水所需海水量在油藏开发方案中已经提出，按油藏的要求设计便可。

4. 钻井及修井用水

应该由钻井及修井专业提出用水量。正常钻井操作期间，通常钻井用水量为 100～200 m^3/h，如某井口平台，海水提升泵能提供 170 m^3/h 的海水，可满足修井及钻井的需求。

5. 空调用水

空调所需冷却用水量，根据设备厂家要求确定。

6. 设备冲洗及甲板冲洗

设备冲洗及甲板冲洗用水通常间断使用，流量可估计为 10～20 m^3/h。

7. 其他用水

其他用水包括冷藏室冷冻、次氯酸钠制备（或其他杀菌装置）、海水淡化（按生产 1 t 淡水需消耗 4 t 海水计算）、冲洗厕所、海水粗过滤器的自耗水（按进水流量的 3%～5%考虑）等。

4.3.3 海水提升泵

1. 泵的流量、台数和扬程

1）泵的流量和台数

根据前面各项用水，计算出最大连续用水量、最小连续用水量和峰值用水量，然后确定泵的台数和每台泵的流量。每座平台通常选用2~3台服务用海水提升泵，其中一台作为备用。平台用水流量较小时，选用2台，其中一台作为备用；而流量较大时，通常选用3台，其中1台备用。也有用消防泵的备用泵作为海水提升泵的备用泵，这样可以省掉1台泵。

2）泵的扬程

泵的扬程应满足最不利用水点所需的水压，其计算公式为

$$H \geqslant H_1+H_2+H_3$$

式中，H为水泵的总扬程，mH_2O；H_1为取水的最低点至最高用水点的高程差，mH_2O；H_2为吸水管至出水管沿程总的阻力损失，在管道长度尚未确定的情况下，可取10~15 m水；H_3为最远、最高用水点要求的剩余压力，若无特殊要求，通常可取5~10 mH_2O。如果某用户要求的出口压力大于上述压力，应按大者设计。（注：在消防扬程计算时，为了直观表达，单位通常用水柱高度表示。）

2. 泵的形式选择

1）长轴深井泵

海上平台使用的长轴海水提升泵通常是多级离心泵，结构形式与陆地用的长轴深井泵基本相同，由于输送的是海水，要求材料耐海水腐蚀，耐海水腐蚀的最好材料是双相不锈钢，但价格昂贵；另有镍、铝、铜合金也耐海水腐蚀，其价格比双相不锈钢便宜很多，在订货时可根据材料性能价格比做决定。

长轴泵的缺点是轴长，检修时需要将轴一节一节地提到平台甲板上，轴的连接与固定比较麻烦。由于长轴海水提升泵的轴长达20~30 m，所以在安装时，泵轴容易出现弯曲现象，将长轴泵改成立式电潜泵，可避免长轴出现的问题。

2）电潜泵

由于电潜泵没有长轴，不会出现长轴深井泵存在的问题，因此在海上石油平台已广泛使用，对电动机功率在几十千瓦的泵尤为合适；对大泵，因功率大，电动机

体积也大，在水下存在的技术问题多，检修频率也增加。

3. 泵的功率计算

1）泵的轴功率

泵的轴功率计算公式为

$$N_0 = QHr/102\eta_1$$

式中，N_0 为泵的轴功率，kW；Q 为泵流量，L/s；H 为泵的总扬程，mH_2O；r 为介质相对密度，清水为 1，海水约为 1.024；η_1 为泵的总效率（查泵的清水性能曲线），在未找到相应数据时，可取 75%。

2）配置电动机的功率

配置电动机的功率计算公式为

$$N = KN_0/\eta_2$$

式中，N 为电动机功率，kW；N_0 为泵的轴功率，kW；η_2 为传动效率，采用皮带轮传动 $\eta_2 = 0.95$，直联时可略高；K 为安全系数，按泵的轴功率确定，当 $N_0 \leqslant 40$ kW 时，$K = 1.2$；$N_0 > 40$ kW，$K = 1.1$。

4.3.4 自动反洗粗过滤器

自动反洗粗过滤器构造见图 4-19 至图 4-21。水进入到过滤室，并通过筛篦子，大于筛篦子缝隙的固体物料或海生物被筛篦子拦截，堵在筛篦缝隙中的固体物，通过过滤后的清洁水反洗，反洗机械通过中心轴由电机带动旋转，反洗水接收管旋转到对准哪一部分筛篦，哪一部分就反洗。该过滤器的特点是一部分筛篦在正常过滤，另一部分筛篦在反洗，同一台设备过滤与反洗同时进行，反洗的污水可通过底部排

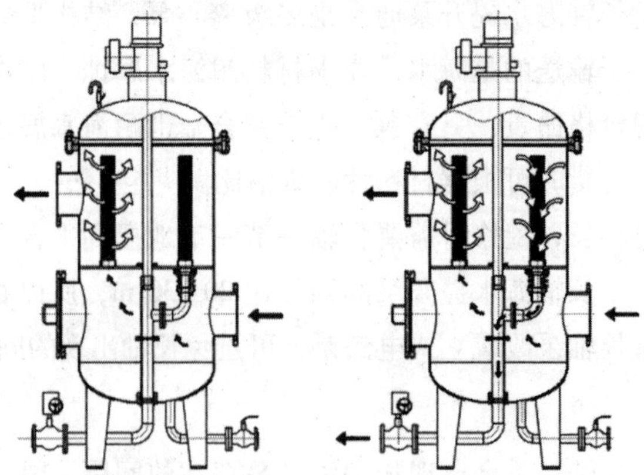

图 4-19　自动反洗粗过滤器示意图

污口排掉。反洗可以连续进行，也可定时进行，由时间继电器定时控制排污阀和带反洗管的中心轴电机完成。对于浮游生物比较多及海水比较脏的海域，应该选用这种过滤器。

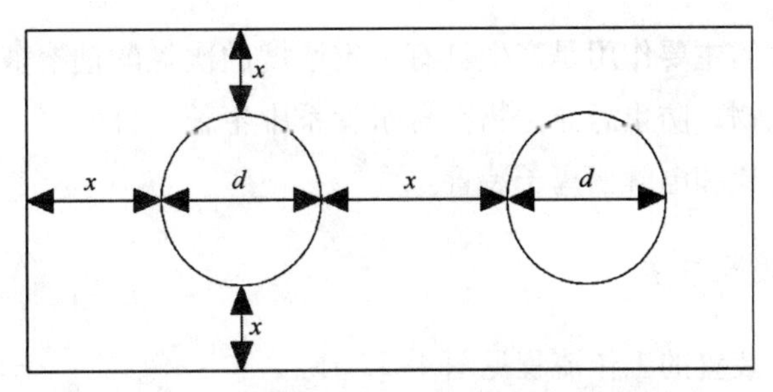

图 4-20　自动反洗粗过滤器横断面示意图

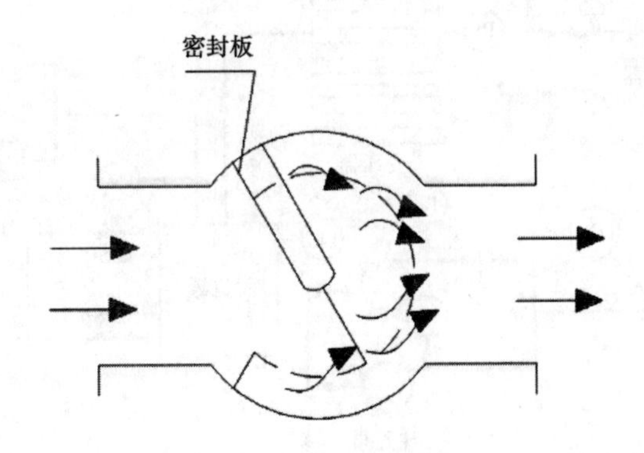

图 4-21　过滤器布置

自动反洗粗过滤器的突出优点是体积小，造价低，技术水平高，使用方便，可直接装置在管道上。目前，国内外尚无统一的分类与标准，以下选用国外的过滤参数，仅供设计参考。

据挪威国家石油局的《设计手册》介绍，每台标准粗过滤器的处理能力为 100～3 500 m^3/h，过滤器尺寸和质量的估算见表 4-1。

表 4-1　挪威粗过滤器参数表

过滤器的流量 / $(m^3 \cdot h^{-1})$	过滤器内径 d /m	相关尺寸 x /m	质量 /kg
100～250	0.7	1.0	800
250～500	0.8	1.2	1 000
500～1 000	0.9	1.5	1 500
1 000～3 000	1.2	2.0	2 000

过滤器电机功率在 1.1~3.0 kW。

4.3.5 海水处理装置

海水处理装置的主要作用是产生具有一定浓度的次氯酸钠溶液或铜离子，用于扼杀海水中的微生物，防止海洋生物在海水管系中生长。目前海上平台应用较多的是次氯酸钠发生装置和电解铜离子装置。

1. 次氯酸钠发生装置

次氯酸钠发生装置的工作流程见图 4-22。

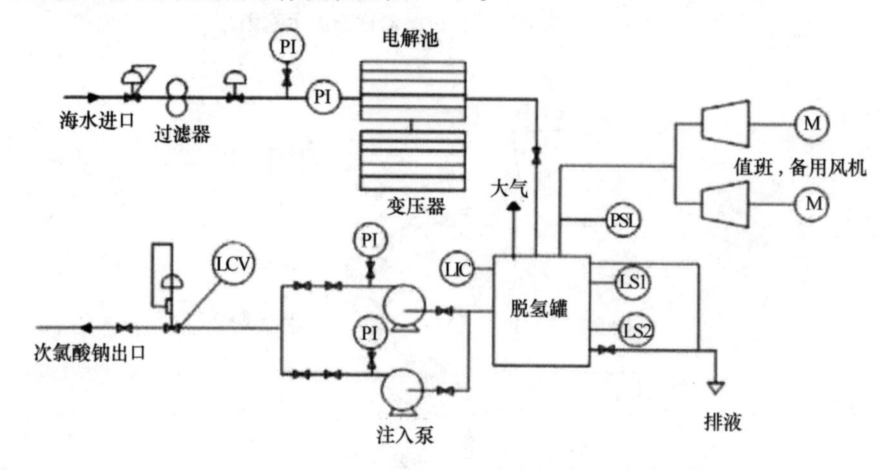

图 4-22　次氯酸钠发生装置工作流程

1）工作原理

次氯酸钠发生装置利用直流电电解含有大量 NaCl 的海水，将含盐海水分解：

$$NaCl+H_2O \longrightarrow NaClO+H_2\uparrow$$

次氯酸钠是一种强氧化剂，在水中离解成次氯酸根 OCl^- 和钠离子 Na^+，次氯酸根水解产生次氯酸 HOCl。

$$NaClO \longleftrightarrow Na^++OCl^-$$

$$OCl^-+H_2O \longleftrightarrow HOCl+OH^-$$

次氯酸是很小的中性分子，它很容易扩散到带负电的细菌表面，并通过细菌的细胞壁穿透到细菌内部，能起氧化作用，破坏细菌及生物的酶系统（酶是促进葡萄糖吸收和新陈代谢的催化剂），使细菌及生物死亡。

2）次氯酸钠的用量

由于海域不同，次氯酸钠的加入量也不尽相同，通常加入量能使海水中含次氯酸钠达 1~6 mg/L。例如，海水用量为 300 m^3/h，次氯酸钠产生器产生次氯酸钠的流量 q 应为：

$$q = 300\ m^3/h \times 10^3\ L/m^3 \times (1\sim6)\ mg/L \times 10^{-6} = 0.3\sim1.8\ kg/h$$

消防水泵经常处在备用状态，其吸水处需要定期加入次氯酸钠溶液，以防止海生物在吸水口聚集而堵塞吸水口，所以次氯酸钠产生器的能力应适当加大，如上面计算次氯酸钠用量的最大值为 1.8 kg/h，在设计时可以调整到产能 2 kg/h。

3）次氯酸钠发生装置存在的缺点

次氯酸钠发生装置存在的缺点有：① 装置体积大、设备复杂；② 耗电量大；③ PVC 管件易老化破裂发生泄漏；④ 在海水较脏海域，海水进口滤网堵塞较严重；⑤ 次氯酸钠腐蚀性很强，普通钢管很容易被腐蚀穿孔；⑥ 维修保养工作量大，PLC 控制部分故障往往要厂家来人检修。

2. 电解铜铝处理海水法

海洋平台电解铜处理海水装置中，广泛应用的是 SAMPLE 防腐防污装置。

1）工作原理

在海水系统的进水口处设置特殊的金属电极，利用低压直流电对铜合金阳极和铝合金阳极在海水中电解产生 Cu_2O 和 $Al(OH)_3$，Cu_2O 具有毒性，能阻止海洋生物的附着和生长，起到防污作用；$Al(OH)_3$ 为絮状物，有很高的黏性，可附在管道及设备的内表面，这些絮状物还包裹着 Cu_2O，黏附到管道及设备内表面，使海洋生物无法附着及生长，因此起到了防止海洋生物污染的作用。

SAMPLE 防腐防污装置的电极由铜、铝或铁组成。铜电极在海水中电解释放出一定浓度的铜离子，可以破坏微生物细胞中的蛋白质并使其生命停止，防止了海水中的生物黏附管系内表面，铝或铁电极在海水中电解可以生成具有黏性的氢氧化铝和氢氧化铁絮状物质，一方面能吸收铜离子并将它们送到管系的各个地方；另一方面产生一层薄膜附在管壁上，把金属和海水分隔开，起到很好的防腐保护作用。工作原理见图 4-23。

SAMPLE 防腐防污装置主要由控制仪、控制电缆和防污防腐电极组成。控制仪具有恒流、恒压工作功能，在控制过程中这两种模式可随负载变化进行自动转换以适应负载变化的需要，控制仪还具有短路自动保护、短路时控制电流恒定的特点。

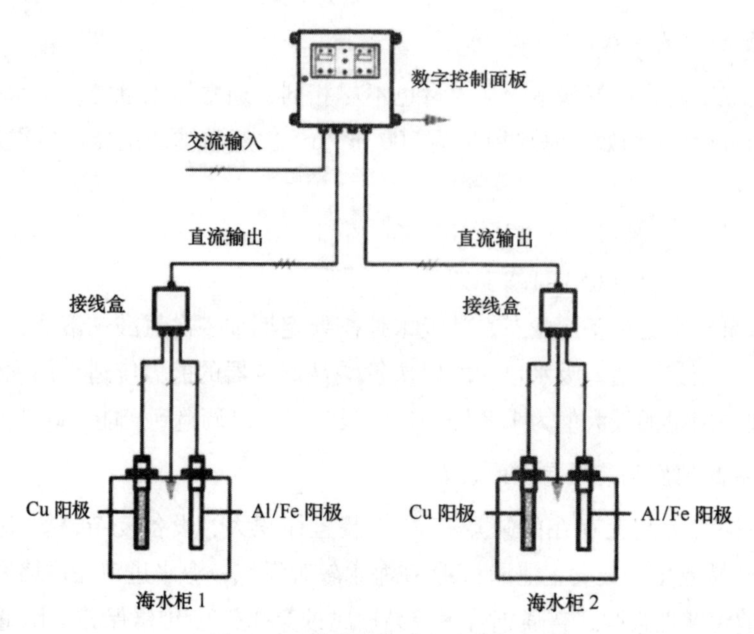

图 4-23　防腐防污装置工作原理

2）控制原理

系统的控制仪由 2～3 个控制单元组成，每个控制单元具有独立的双路输出功能，每路输出可独自控制一个单元。由于输出电压的变化范围是 0～20 V，所以通过对变压器次级输出的交流电压换挡后加至整流器。这个过程由换挡控制电路及驱动电路完成，换挡时间是由输出电压的变化过程决定的。

当恒压工作时，电压比较放大器对调整级处于优先控制状态。当恒流工作的输出电流达到恒流点设定值时，恒流比较放大器对调整级处于优先控制状态，电路工作模式由恒压向恒流转换，控制电路见图 4-24。

调整电路是串联线性调整器。由误差放大器控制使之对输出参数进行线性调整。

比较放大器对于调整级来说其馈电方式为全悬浮式，该电路的特点是调整范围大，精度高，电路简单，可靠性高，不怕过载和短路。

基准电压源由零温度系数基准电压二极管构成，具有电路简单可靠和精度高的特点。

3）铜、铝阳极金属棒的安装方式

铜、铝阳极金属棒防海生物装置有两种安装方式：第一种是将电极棒安装在海水提升泵的进口，电流控制箱放在平台甲板上，见图 4-25；第二种是将电极棒放在电解箱中，电解箱放在平台甲板上或 FPSO 的舱室内。电极棒的寿命通常 1～2 年，采用第一种安装方式时更换麻烦，需要将泵提升到平台甲板上，才能更换电极棒，但

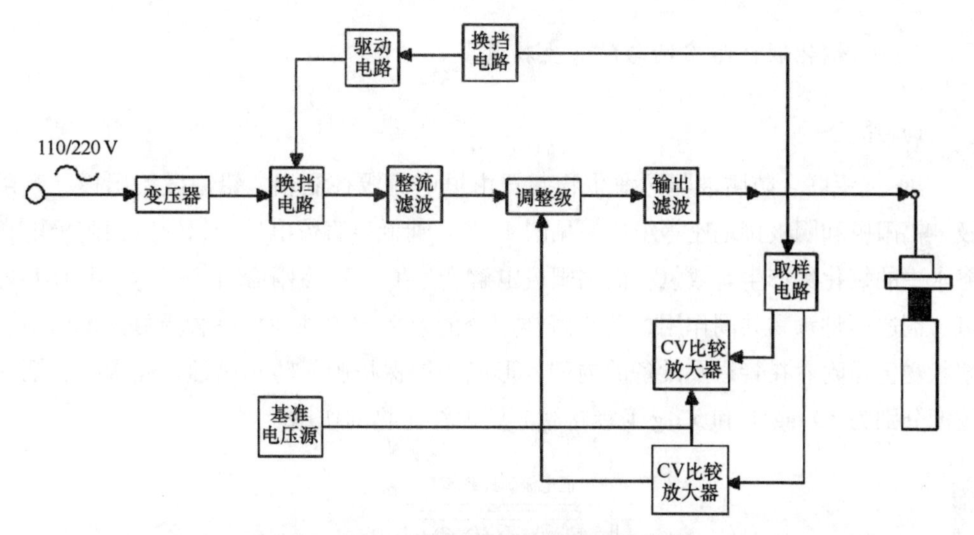

图 4-24　SAMPLE 防污防腐装置控制原理

有些作业者乐意采用这种安装方式，特别是对无人驻守的井口平台，因这种安装方式平时几乎不需要什么操作，管理方便，且在电极棒未消耗掉之前，泵就应该检修了，在检修泵时可顺便将电极棒更换。第二种安装方式更换与检修容易，但造价稍高。

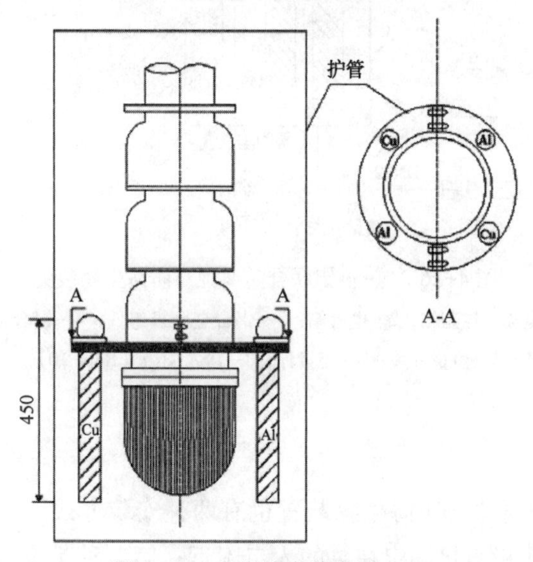

图 4-25　电极棒安装在泵入口

4）铜、铝阳极金属棒的优缺点

铜、铝阳极金属棒具有易安装、耗电量少、占空间小、维护保养工作量少，并对管系具有防腐作用的优点。其缺点是不能满足底层注水的含氯要求。

3. 氯-铜铝联合防腐蚀与防海生物装置

1）原理

氯-铜铝联合防腐蚀与防海生物装置由恒电流源控制箱、铅银微铂阳极、铜阳极、铝阳极和阴极接地座等组成，见图4-26。通低压直流电后，铅银微铂阳极电解海水中的氯化钠产生有效氯，而铜阳极电解产生 Cu_2O，铝阳极电解产生 $Al(OH)_3$。氯、铜这两种毒物共同作用，防止海洋生物的效果比单独使用一种更好。$Al(OH)_3$ 絮状物仍是附着在管道及设备的内壁，形成一层保护膜，防止腐蚀。通常氯、铜的浓度分别为50 mg/L和5 μg/L就可达到防海洋生物的作用。

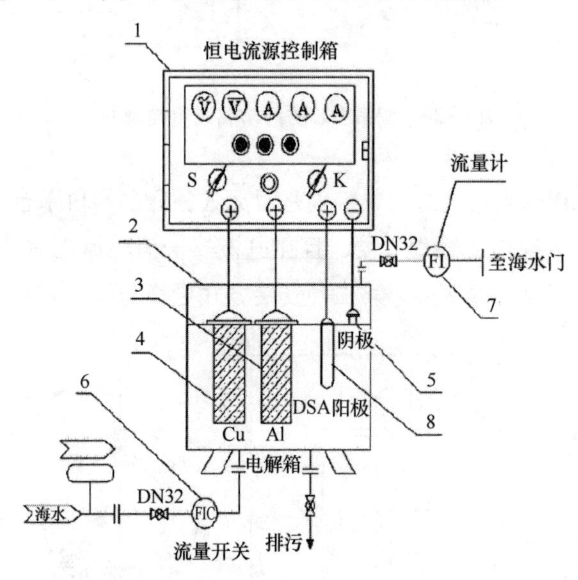

图4-26　氯-铜铝联合防腐蚀与防海生物装置

1—恒电流源控制箱；2—电解箱；3—铝合金阳极组件；4—铜合金阳极组件；5—阴极组件；6—流量开关；7—流量计；8—DSA阳极（Rulr-10）

2）安装方式

氯-铜铝联合防腐蚀与防海生物装置也有两种安装方式。第一种是将铅银微铂阳极、铜阳极、铝阳极直接固定在泵的入口附近；第二种是设计一个电解箱，放在平台甲板上，电解箱连续通入海水，产生的电解液加入到海水提升泵的入口附近，起到防止海生物的作用。

3）氯-铜铝联合防腐蚀与防海生物装置的优、缺点

氯-铜铝联合防腐蚀与防海生物装置的优点是防海生物、防腐蚀效果好。缺点

是有金属铜溶入水体，尽管量很小，对海洋仍有污染。

4. 次氯酸钠系统、氯-铜铝电极系统、铜铝电极棒系统的比较

上述3个系统有各自的优缺点，可扬长避短，根据实际情况选用。对于海水用量大的中心平台，可选用次氯酸钠系统，防止金属铜对海洋的污染；其次可选用氯-铜铝电极棒系统，可减少金属铜对海洋的污染。对于小的井口平台，海水用量小，可选用氯-铜铝电极棒系统或单一的铜铝电极棒系统。电极棒系统平时不需要维修，特别适合无人驻守平台采用。

4.4 淡水系统

海洋平台上淡水的用途可分为两大类，即生活用淡水和生产用淡水。生活用淡水是指工作人员的生活用水，包括饮用、洗澡、洗涤和厨房消耗。生产用淡水包括化学药剂配制、空调、蒸汽发生器（不一定有）、冲洗设备及甲板（不常用）、钻井及修井（用量大时，应自备设备，根据具体情况协商）、消防管道冲洗和保压、冷却设备，如发电机、大功率泵、气体压缩机等的用水。

4.4.1 淡水用量

1. 生活用淡水

由于平台所在的地区不同，平台生活水的消耗也不尽相同，美国雪佛龙石油公司的设计手册规定：有住房的平台为50～100 gal/(人·d)［相当于189～378 L/(人·d)（1 gal=3.78 L)。挪威国家石油局工艺设计手册规定：在平台上居住人员用水为250 L/(人·d)；临时人员用水为150 L/(人·d)。

我国相关《给水排水设计手册》中，对集体宿舍、旅馆、公共建筑的生活用水标准规定为200～300 L/(人·d)。

参考上述各种情况，我国海洋平台设计中，经常采用的生活用淡水消耗标准是200～300 L/(人·d)。

2. 生产用淡水

1）化学药剂配制用淡水

通常平台的处理流程中需要注入多种化学药剂，由于化学药剂的种类多，配制浓度、

加入量都不一样，个别化学药剂稀释使用柴油。在设计初始阶段，首先应确定化学药剂使用种类、加入量、每种化学药剂的配制浓度，便可以计算出配制化学药剂所需淡水。

2）空调用淡水

空调消耗水量应由设备厂家提出。海上平台集中空调系统通常需要提供海水与淡水，在热交换器中用海水冷却淡水，海水连续带走热量并排海，而淡水是循环使用，消耗量很少。

3）蒸汽发生器

根据蒸汽发生器蒸发量大小由相关专业设备厂家提出淡水需要量，为了防止结垢，蒸汽发生器应配备软化水设备。

4）冲洗设备及甲板

由于很少用淡水冲洗设备和甲板，因此没有统计的耗水量，在设计时只能做些估算。例如，5天发生1次冲洗，每次冲洗10 min，供水泵的能力15 m^3/h，则每冲洗一次耗水2.5 m^3，平均冲洗耗水0.5 m^3/d。具体设计应考虑冲洗面积大小和频率等因素。

5）钻井及修井用淡水

淡水用量应由钻井及修井专业提出。设计时，根据需求量设置不同大小的淡水舱或储罐。如井口平台在打调整井时，每天消耗淡水20 m^3，平台淡水罐容积100 m^3，则要求供应船至少每5天送一次淡水。

6）充填或冲洗消防管道

海上平台消防水均采用海水，若消防管道不能长期耐海水腐蚀，在使用后，均需用淡水将管道冲洗干净。冲洗水量可通过消防管道的长度和直径计算出填充用淡水量，冲洗水按照2~3倍的充填水量计算。

消防管网为湿式系统时，平时均用淡水充满，管网若有泄漏，随时用淡水补充，以维持消防管网的系统压力。平时管网里泄漏很少，否则管网需要维修，故平时充填用补充水很少。

如果消防系统的管道、阀门等选用的材料能耐海水腐蚀，就不需要淡水冲洗与填充，这一项用水可以取消。

7）设备冷却用淡水

设备冷却用淡水指发电机、天然气压缩机、大功率泵等所需冷却水，消耗水量应由设备专业提出。

以上7项是海上石油平台淡水的主要用户，将这些用户的用水量综合考虑，就可得到平均每天的淡水消耗量。淡水平均日消耗量是设计淡水舱或选择淡水储罐容积大小的重要依据之一。

在设计初始阶段，由于资料不全，某些项淡水消耗量计算不出来，可以参考已建成相关平台的用量设计。

3. 水质标准

海洋平台上饮用淡水和生产服务淡水两种类型的淡水，可以采用不同的水质标准，饮用水的水质标准通常要高于生产服务淡水，要把不同的水质标准的水分开，需要有舱柜、储罐及送到用户的管网，这样将使系统变得复杂，从经济上考虑，在一座面积有限的平台上建两套供水系统不一定合算，所以绝大多数平台采用一套淡水供应系统，使水质符合《生活饮用水卫生标准》（GB 5749—2006）。生活饮用水水质不应超过表4-2所规定的限量。

表4-2　生活饮用水水质标准

项目		标准
感官性和一般化学指标	色	色度不超过15度，并不能呈现其他异色
	浑浊度	不超过3度，特殊情况不超过5度
	臭和味	不得有异味、臭味
	肉眼可见物	不得含有
	pH值	6.5~8.5
	总硬度（以碳酸钙计），mg/L	450
	铁，mg/L	0.3
	锰，mg/L	0.1
	铜，mg/L	1.0
	锌，mg/L	1.0
	挥发酚类（以苯酚计），mg/L	0.002
	阴离子合成洗涤剂，mg/L	0.3
	硫酸盐，mg/L	250
	氯化物，mg/L	250
	溶解性总固体，mg/L	1 000

续表

项目		标准
毒理学指标	氟化物，mg/L	1.0
	氰化物，mg/L	0.05
	砷，mg/L	0.05
	硒，mg/L	0.01
	汞，mg/L	0.001
	镉，mg/L	0.01
	铬（六价），mg/L	0.05
	铅，mg/L	0.05
	银，mg/L	0.05
	硝酸盐（以氮计），mg/L	20
	氯仿（$CHCl_3$），μg/L	60
	四氯化碳（CCl_4），μg/L	3
	苯并（a）芘（$C_{20}H_{12}$），μg/L	0.01
	滴滴涕（$C_{14}H_9Cl_5$），μg/L	1
	六六六（$C_6H_6Cl_6$），μg/L	5
细菌学指标	细菌总数，个/mL	100
	总大肠菌群，个/L	3
	游离余氯	与水接触 30 min 后应不低于 0.3 mg/L；集中式给水除出厂水应符合上述要求外，管网末梢水应不低于 0.05 mg/L
放射性指标	总 α 放射性，Bq/L	0.1
	总 β 放射性，Bq/L	1

4.4.2 洗涤水供应系统

与船舶一样，海洋平台洗涤水系统的主要任务是将淡水送到洗澡间、洗衣室和其他用水处。洗涤淡水应透明、无恶味、无传染病细菌。同时还应有不高的盐度和硬度，易使肥皂溶化。

1. 洗涤水系统供水方式

洗涤水系统有重力式和压力式两种供水方式。

1）重力式

重力式供水系统适用于小型单井平台。图 4-27 为重力式供水系统示意图，它是一种最简单的供水方式，日用淡水泵将淡水从淡水舱内打入重力水柜内，重力水柜应设置在所有用水处的最高点，淡水可通过截止阀流入供水总管，然后经各路支管流至各用水处。

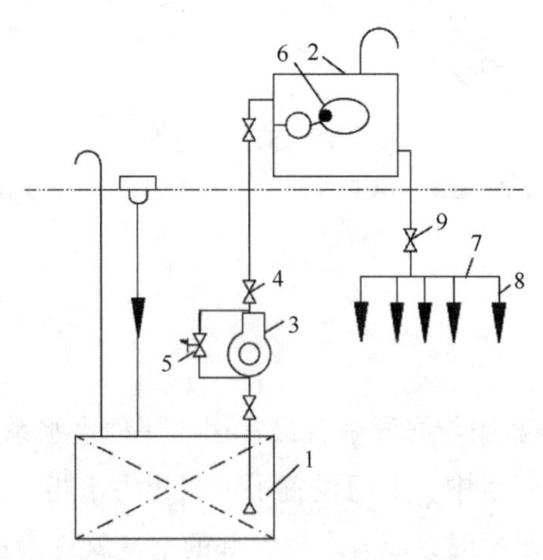

图 4-27　重力式供水系统示意图

1—清水舱；2—重力水柜；3—离心泵；4—截止止回阀；5—安全阀；6—液位继电器；7—供水总管；8—支管；9—截止阀

为了保证重力水柜中有一定数量的淡水和实现自动控制，在重力水柜内设置有高低液位继电器，它可根据柜内水位的高低自动启动或停止日用淡水泵。液位继电器见图 4-28，它是由一只漂在水面上的浮子 1 作为液位感受元件，浮子上下浮动时能绕支点 2 摆动。在支点上还有调节板 4，它的一端装有磁钢 3，当液位降低时浮子也随着下移，当接近最低水位时（图示状态），浮子杆碰到调节板下定位钉 5 时就带动调节器板一起转动，使磁钢向上摆动。当磁钢向上摆动而与触头磁铁 6 相遇时，由于同性相斥，即将触头磁铁 6 推斥向下，使电触头 7 闭合，接通日用淡水泵的电源，使泵启动向重力水柜供水。当水位上升时，浮子也随着浮起。当接近最高液位时，浮子杆与上定位钉接触，带动磁钢 3 向下，再次与触头磁铁 6 相遇，将它推斥向上，而使电触头 7 断开，切断日用水泵的电源，停止向重力水柜供水。

重力式供水系统的优点是用水处的出水压力稳定，即使是远离重力水柜，管路的压力变化也不大。另外，当日用淡水泵发生故障时，尚可短时供给一定数量的水。它的缺点是重力水柜在高处占有相当大的容积，影响平台稳性，若处于露天，尚须采取防冻措施，设备费用较高。

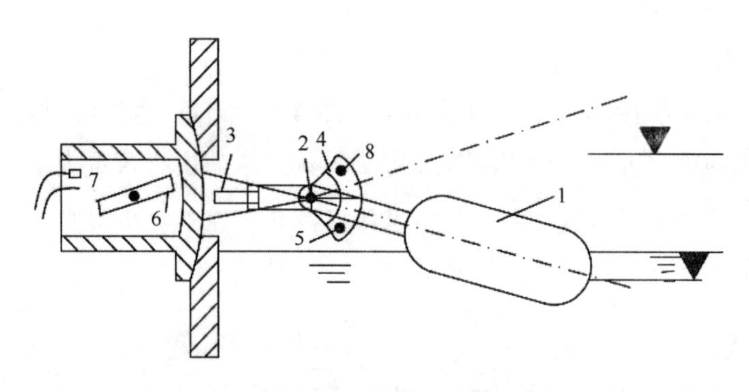

图 4-28　液位继电器

1—浮子；2—支点；3—磁钢；4—调节板；5—下定位钉；6—触头磁铁；7—电触头；8—上定位钉

2）压力式

压力式供水系统是船舶与海洋平台最常用的一种供水系统。图 4-29 为压力式供水示意图，在压力式供水中，专门设置了一只压力水柜 2，当日用淡水泵 3 将淡水舱 1 中的水打入压力水柜时，压力水柜上部的空气就逐渐压缩而产生压力能，压力水柜中的水就利用这个压力能被压至各用水处。

压力水柜是一只密闭的容器，其上部是压缩空气的进口，即充气阀 10，下部是水泵的进口（也是压力水柜的出口）。压力水柜上还装置了一只压力继电器 6。当压力水柜中的压力下降到下限压力时，压力继电器就接通日用水泵的电源，开始向压力水柜供水，压力水柜内的压力就会逐渐升高，当达到上限压力时，压力继电器就切断日用水泵的电源，停止供水。压力水柜的上限压力随系统设计的参数而定，一般在 0. 3~0. 5 MPa；高、低压的差值一般在 0. 1~0. 25 MPa。

为了减少压力水柜的无效容积和补充一部分空气的消耗，在压力水柜的上部还装有压缩空气充气阀 10。压力水柜上一般还装有压力计、水位表、安全阀以及为了排污而加装的排放阀等。

压力水柜第一次使用时，先充水至压力水柜最高液面（可通过液位计 13 观察），然后停止充水而充入压缩空气使之达到下限压力，再继续充水至最高工作压力为止。

2. 冷热洗涤水系统

洗涤水供应系统还可分为冷水供应系统和热水供应系统，热水供应也是压力式的。热水压力柜直接与淡水压力柜相通，所以两只压力柜的工作压力是相同的。但

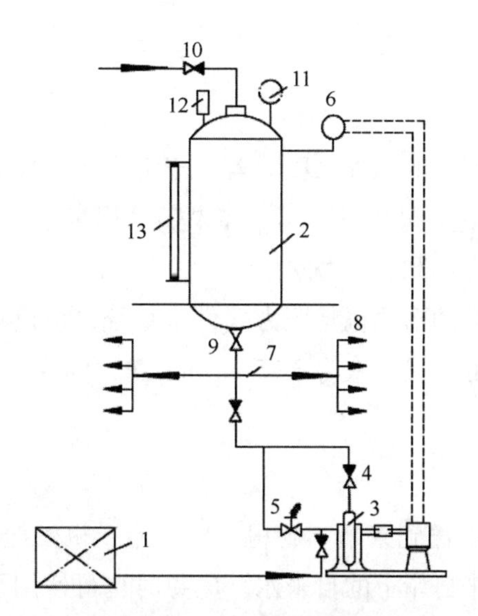

图 4-29　压力式供水示意图

1—淡水舱；2—压力水柜；3—淡水泵；4—截止止回阀；5—安全阀；6—压力继电器；7—供水总管；8—支管；9—截止阀；10—充气阀；11—压力计；12—安全阀；13—液位计

热水柜的进水阀应为截止止回阀，以防止热水回流至淡水压力柜。

热水供应系统管路的布置有不同的方法。一是热水压力柜的出口总管可以按左右舷分为 2 根干管（也可以 1 根），然后再分别接至热水用水处，在最高层甲板分左右舷或合并成一根热水回水总管接至热水循环泵进口；也可设计成热水压力柜的出口总管按甲板层次环形布置，然后每一层甲板由一根回水管接至热水泵的进口。平台人员较少时，采用前者；平台人员较多时，采用后者较多。每层需设置截止阀，便于控制和管理。

热水柜一般采用饱和蒸汽（压力通常为 0.5~0.7 MPa）或电加热。也可利用主机或辅机的余热，如排气和冷却水的热量，单井平台可设置热水消声器以重力供应热水。采用蒸汽和电加热的两用热水柜的温度控制也具有两套。采用蒸汽加热时，在蒸汽进入压力柜之前设有温度调节阀，当出水温度超过设定的温度（如 65℃）时，温度调节阀会自动减小开度；当温度低于设定的温度时，温度调节阀会增大开度，使热水压力柜的出水温度保持在 65℃左右。采用电加热时，通过安装在压力柜上的温度继电器来达到控制温度的目的。

压力水柜的容量和日用淡水泵或热水循环泵的规格均要根据平台的用水情况来确定。

4.4.3 卫生水供应系统

从总用泵或辅海水泵来的舷外水压力若大于卫生水供应系统的压力，则应在进入卫生水系统之前安装截止阀和减压阀。如果仍采用海水（舷外水）作为冲洗水，则必须另外设置海水压力柜和日用海水泵。

卫生水供应系统常用的形式也是压力式供水系统，也设有相应的压力水柜和卫生水泵。日用卫生水泵的排量一般为 3~5 m^3/h，压力为 0.2~0.45 MPa。

4.4.4 饮水供应系统

通过淡水系统将饮水送到茶桶、厨房、医务室、机炉舱和其他舱室的水柜中。海洋平台上的饮水一般来自岸上的自来水，应急时也可使用平台上制淡装置产生的蒸馏水，但建议煮沸后饮用，这是一种简便而有效的消毒方法，也可经过其他的消毒设备消毒，如氯气杀菌、紫外线杀菌、臭氧杀菌等。常用的是紫外线杀菌设备，波长约 2 600 Å（$Å=10^{-10}$ m）紫外线杀菌力最强。是否矿化处理因平台而异。

饮水的消耗量一般为 30~50 L/（人·d）。和洗涤水一样，它也随人种、国籍、气候季节以及平台人数等情况有所不同，平台租用方也会提出具体要求。

饮水应符合《生活饮用水卫生标准》（GB 5749—2006）相关规定。

饮水的消耗量比洗涤水小得多，所以一般海洋平台选用 0.3~0.5 m^3 的饮水压力柜已足够。也可以不设专门的饮水压力柜，而从淡水压力柜出口专设一管路，经饮水消毒器后输出饮用水。饮水管最好采用不锈钢管或铜管。

4.4.5 供水系统原理图

图 4-30 为供水系统典型原理图。根据生活设施的差异以及平台租用方的要求，供水系统的组成也各自不同。例如，一般海洋平台常设两台日用淡水泵，其中一台可作为饮水泵的备用泵；热水循环泵也设两台，一台作为备用。如果卫生水采用洗涤水，则海水泵可取消。

设置热水循环泵的目的是为了节约用水，保持热水管网的水温，当用户打开热水阀门时，就可以立即得到热水，而不必首先放凉水，因此节省了用水。为了保持热水管网中的水温，在管网最末端设有一温度传感器，当温度降到设定值下限，循环泵启动，将管网中温度较低的水输送至热水罐加热，管网中抽空的水由热水罐中的热水补充；当管网最末端温度传感器温度达到设定值上限时，循环泵停止运行，如此不断往复，以保持热水管中的水温在人为设定的范围内。

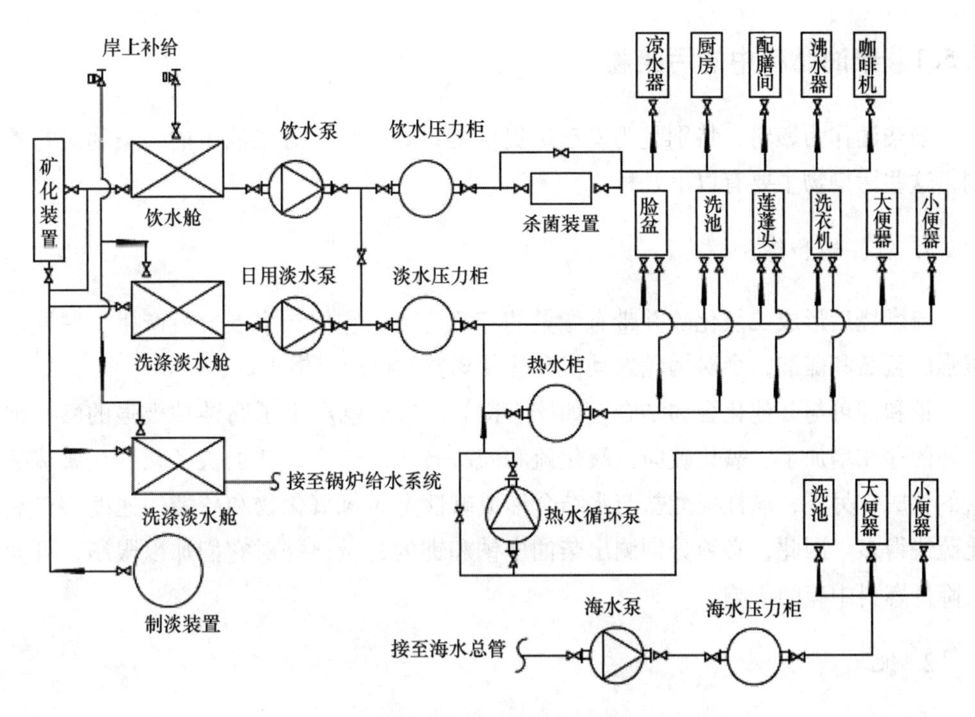

图4-30 供水系统典型原理图

热水泵为一般的单级离心泵。

4.5 燃油系统

燃油系统的主要功能是储备柴油并输送给平台各用户使用。平台上使用柴油的用户主要有两类：燃料用户和作为溶剂或清洗液的用户。

以柴油作为燃料的用户，主要有以柴油作燃料的发电机组、热锅炉、柴油动力吊机、应急柴油发电机、修井机、柴油消防泵、化学药剂系统。

在固定式平台上使用的柴油由于需要用驳船运送到平台上，并需要在平台上设置储存设备，因而费用比天然气高很多，所以作为平台上的第二能源；在正常情况下一般不使用柴油，只有在紧急情况下和启动时才使用。

以柴油作为溶剂或清洗液的用户，有化学药剂系统、油井井筒的清洗和海管置换作业等，有时还用于开井作业。

4.5.1 柴油燃料中的污染物

当柴油作为燃料，特别是为发动机提供燃料时，必须对柴油中的污染物进行控制，这些污染物主要有以下几种。

1. 硫、钠和钾

硫燃烧后形成二氧化硫并带有微量的三氧化硫，它们与水混合就产生了腐蚀性很强的硫黄和硫酸，会对涡轮发动机和往复式发动机造成损害。

钠和钾可与其他化合物结合，如硫、钒等，这样就产生了腐蚀性极强的酸。钠和钾的存在增加了二氧化硫向三氧化硫和硫酸转化的速度，并加快了碱性金属硫酸盐的生成；另外，碱性硫酸盐与水结合形成碱性金属氢氧化物和硫酸的速度较二氧化硫快得多。因此，必须分别测出柴油中钠和钾的含量，并对它们加以限制，可大大降低燃料中硫的影响。

2. 钒

钒氧化后可形成五氧化矾，当二氧化硫与五氧化矾在燃料中发生反应时，就形成了腐蚀性很强的矾酸盐，钒也可以加快二氧化硫氧化生成三氧化硫的过程。

3. 汞化合物

汞化物对铅、铜、铝和银都有腐蚀性，应避免汞和这些金属同时存在，汞化物对发动机高温部分的腐蚀情况尚不甚了解。

4. 铅

铅会引起腐蚀并会破坏为减少钒腐蚀而加入的镁的作用。原油中几乎不含铅，铅的污染一般来自工艺操作和运输过程。

5. 碱性氟化物和氯化物

碱性氟化物和氯化物与一些盐（如碱性硫酸盐）混合后，会腐蚀涡轮发动机上的氧化防护层，使氧化速度加快。碱和碱土氧化物在含硫燃料中可迅速转变为硫酸盐，它们与硫酸盐的氯化物结合产生腐蚀。

6. 钙和镁

从腐蚀观点看，钙和镁对设备没有损害，它们还可以阻止钒对设备的腐蚀，但它们会产生很硬的结垢物，当涡轮发动机停车后，它不会自己脱落，用水冲洗也不能除去这些结垢物。

7. 其他氧化物

其他微量金属氧化物也会在涡轮发动机内部结垢，形成硬且又很难除去的结垢物，在高温下这些氧化物的存在将会增加涡轮发动机金属部分的氧化速度。

8. 固体颗粒和水

柴油中的固体颗粒（又称为粉尘），一般指固态惰性颗粒、油或水溶性金属化合物，它们会磨损燃料系统的关键元件，堵塞过滤器及燃料喷嘴，还会使控制阀、密封装置和发动机叶片发生故障。某些可溶性金属化合物会对发动机的高温部分造成腐蚀。储罐和滤网上沉积物的聚集也会妨碍燃料从储罐流到密封燃烧器中。

总之，在使用柴油燃料之前，先要对柴油燃料进行组分分析，将其中存在的污染物进行处理，并在发动机的选材、启动、加速和正常的操作中采取相应的安全保护措施，以延长设备使用寿命并保护人员的安全。

4.5.2 流程设计

柴油系统一般由柴油过滤器、柴油储罐（或移动式/浮式平台的柴油舱）、柴油输送泵、柴油井用泵、过滤器及加油软管组成，柴油井用泵专为修井、开井作业或海管置换提供柴油。

柴油系统的典型流程可参见图4-31和图4-32。驳船上的柴油通过柴油供应泵打入加油软管，先经过柴油过滤器过滤掉固体杂质后，才能进入平台上的柴油储罐。加油软管应有良好的韧性、耐压性和防油性。

柴油罐内的柴油将通过柴油输送泵或依靠重力高差分配到各个用户。柴油输送泵前的吸入管线上必须设有小型的过滤器（如“Y”形过滤器），而在柴油输送泵的排出管线后必须设有过滤聚结器，并要求在每个用户前也安装小型的过滤器，以确保过滤质量。

柴油燃料用户一般各自都配备有一个小的日常供应罐，如柴油发电机日用罐、应急发电机日用罐等。在冬季比较寒冷的地区，要求使用具有防冻性能的-20号或-30号柴油。

柴油储罐是常压罐，可用碳钢材料，储罐上有加油软管接口、呼吸阀和玻璃溢流管线。安装溢流管线可以避免储罐过满，可将溢出的柴油排入开式排放罐中。柴

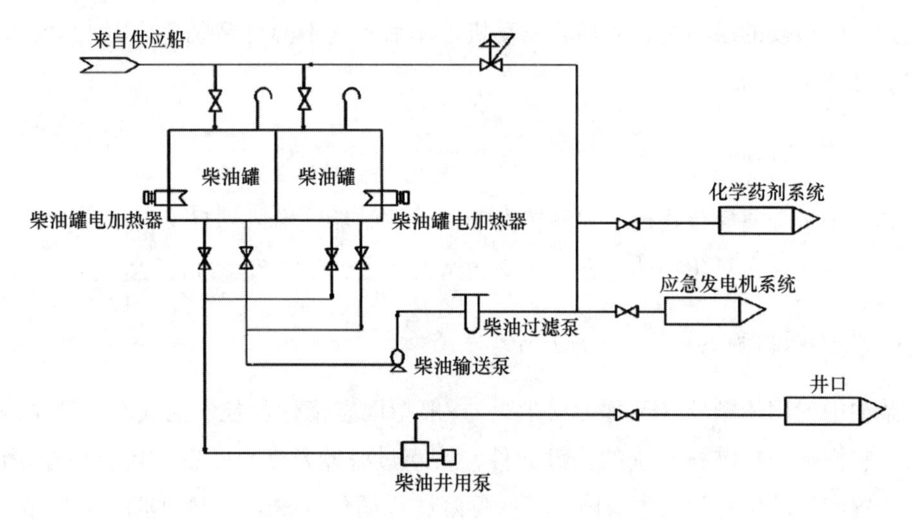

图 4-31 柴油系统的典型流程图

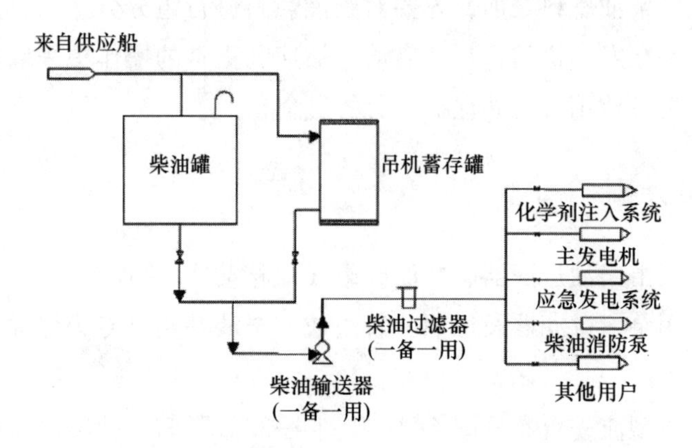

图 4-32 柴油系统吊机腿储罐的基本流程图

油罐内是否设加热装置应根据环境温度和用户要求而定。

柴油储罐可以根据平台空间要求制造各种形状，平台桩腿和起重机腿等也经常用来储藏柴油，见图 4-32，柴油储罐应与大气连通并应有一个低点排放口。图 4-33 为涠 11-4 油田柴油系统工艺流程图。

分油机是专门设计来净化矿物性油（如柴油）中的水分和固体微粒（油垢）的。被净化的燃油连续地从分油机中排出，通过管系统进入清洁的燃油储罐或储舱中，而油垢则是在设定的时间间隔后被排放。分油机可作为净化器或滤清器使用。当分油机作为净化器工作时，分油机连续排出的是被分离的水。当作为滤清器工作时，即柴油中仅含有少量的水，定期排放出来的是水和固体微粒。图 4-34 是海洋

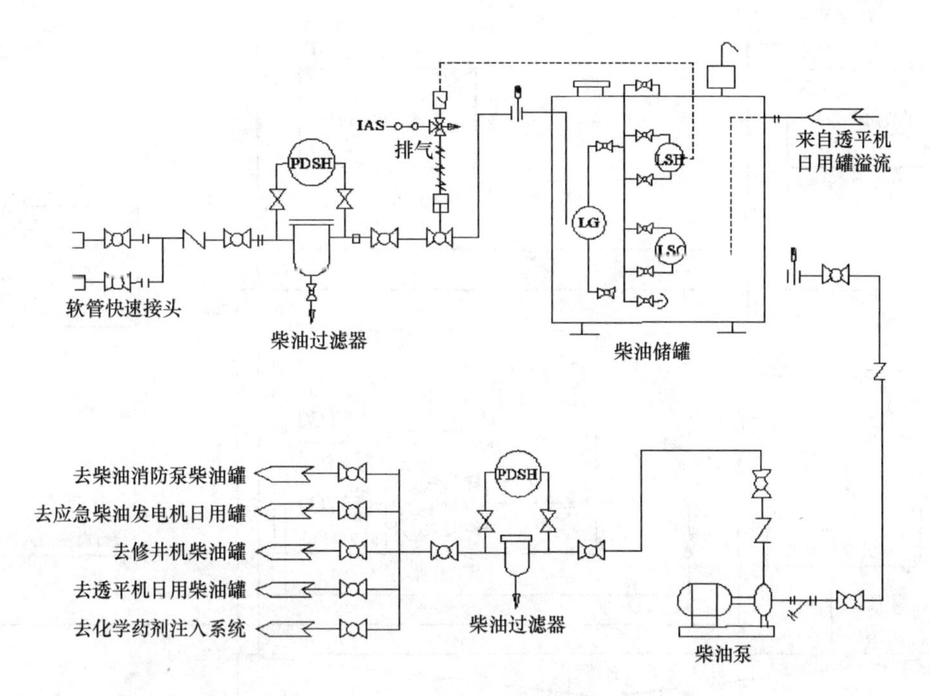

图 4-33　涠 11-4 油田柴油系统工艺流程图

平台分油机的系统组成图，通常的分油机是将控制装置和供油泵组装在同一个撬块上。

4.5.3　柴油燃料的质量要求及用量估算

以下数据内容摘自美国雪佛龙公司《海上油气工程设计实用手册》。

1. 柴油燃料的用量估算

柴油燃料的用量估算方法有如下几种。

（1）一般涡轮发动机将所消耗燃料能量的 20%～30%转换成轴功率，若取平均效率 25%，柴油燃料的热值取 10 222 kcal/kg，柴油燃料的密度取 871.4 kg/m^3，柴油燃料的消耗量估算公式为：

$$Q=3.87\times10^{-4}W$$

式中，Q 为柴油流量，m^3/h；W 为发动机轴功率，kW。

（2）通常往复式发动机将所消耗燃料能量的 30%转换成轴功率，柴油燃料的消耗量估算公式为：

$$Q=3.21\times10^{-4}W$$

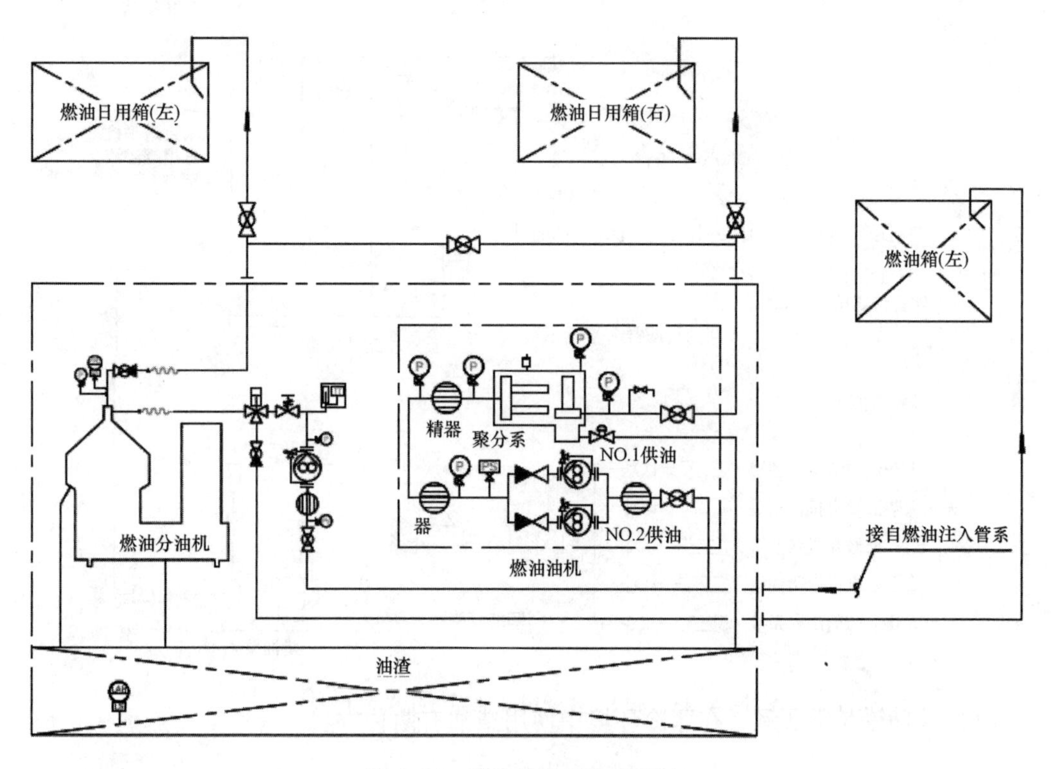

图 4-34　分油机的系统组成图

（3）明火加热器的热效率通常为 50%～65%，取平均效率 60%，柴油燃料的耗量基本是往复式发动机耗量的一半。

2. 涡轮发动机对柴油燃料的质量要求

涡轮发动机对柴油燃料的质量要求为：①供油温度在 0～60℃；②在供油温度条件下，柴油黏度应在 2.0～7.5 cSt（1 cSt = 10^{-6} m^2/s）；③体积含水量应低于 0.05%；④含钒量应小于 1 mg/L；⑤钠、钾含量应小于 1 mg/L；⑥含钙量应小于 1 mg/L；⑦不能含铅；⑧含硫量必须小于 0.5%（质量分数）；⑨含粉尘量必须小于 0.01%（质量分数）；⑩柴油倾点的温度至少要低于供油温度 5.6℃。

3. 往复式发动机对柴油燃料的技术要求

往复式发动机对柴油燃料的技术要求为：①API 重度最小为 30；②十六烷值应高于 40；③硫的最大含量为 0.5%；④37.8℃时，黏度应为 1.5～7 cSt；⑤水含量要少于 0.1%；⑥倾点的温度必须低于环境温度 5.6℃；⑦灰尘的最大含量是 0.02%；⑧蒸馏曲线应为：232℃时蒸发 10%以上；246～288℃时蒸发 50%；357℃时的蒸发量最多为90%，而终馏点为385℃。

4.5.4 工艺参数的确定

1. 柴油储罐容积确定

首先，要明确柴油的用户有哪些，如主发电机、应急发电机、柴油消防泵、吊机、化学药剂系统、修井作业等；其次，要明确各用户的柴油用量，是间歇供给还是连续供给等，以此判断柴油的日均消耗量。

柴油的日均总消耗量乘以驳船的最长供货周期（一般为7~10 d），再考虑20%的富余量，就可以初步估算出柴油储罐的体积V_1。

根据紧急情况下最大的柴油使用量乘以驳船到达平台所需的最长时间，估算出柴油储罐体积V_2。

取两者最大的值作为柴油储罐的体积。渤海地区井口平台柴油罐的设计容量一般在20~40 m^3。

柴油储罐是常压罐，在寒冷环境中使用柴油有两种方法：①选低凝点的-20号或-30号柴油；②在柴油储罐内设加热或伴热设施。

2. 柴油燃料日用罐体积确定

每个柴油燃料的用户一般都会有一个柴油日用罐，该罐的储存量应能保证连续提供24 h燃料的日常供应。

3. 柴油输送泵和柴油井用泵

由于离心泵可以提供较大的流量范围，能满足用户要求的最大流量，因而常被选为柴油输送泵。通常情况下，柴油输送泵的排压为400 kPa左右，排量在10~15 m^3/h范围内，具体情况应根据实际需要进行确定。

柴油井用泵主要是为修井和开井提供柴油，但有时也可为海管置换和再启动作业提供柴油。柴油井用泵也可以是离心泵，当需要较高的压头时可以选择往复式泵。

4.6 通风系统

为保障安全可靠的通风运行，通风系统的进风口均设于平台的非危险区域，排风口尽可能远离进风口并处于下风处，以保证气流流向合理并避免气流短路。每一进排风口均向下，故都装有钢丝隔网，以避免雨水或其他异物进入，在管道穿防火墙处均装有防火阀，以在失火时防止火灾蔓延，防火阀为通电常开，失电关闭型。在有正压通风要求的区域，装有差压开关及调节阀，以持续保持室内 30 Pa 正压。

4.6.1 通风系统的作用

（1）为空调区域提供充足的新鲜空气。

（2）排除房内余热、余温及生产设施产生的有毒、有害气体。

（3）为安全区域提供微正压通风机，以防有害气体侵入。

（4）在进风口设置探头、监控易燃易爆气体。

（5）在失火情况下，关闭通风系统以配合消防系统工作。

4.6.2 通风系统结构

通风系统一般由送风口、排风口及穿墙处防火阀，通风机、排风机、送风百叶及回风百叶；通风管道及各类调节阀门；风道内的可燃气体探头；室内压差计、室内控制盘、室外手动启动按钮组成，见图 4-35。

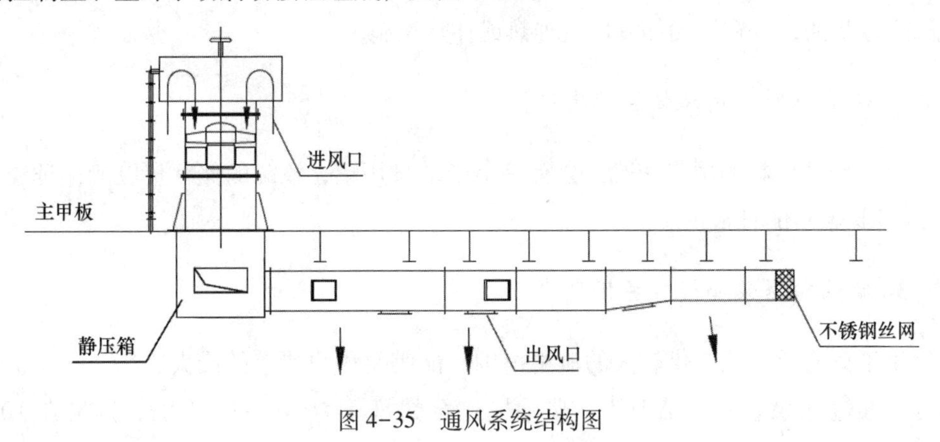

图 4-35 通风系统结构图

通风系统的主要设备为通风机，由于海上特殊的工作环境，通风机都应选择防爆型，根据工作原理的不同，一般可分为离心式和轴流式两种。

4.6.3 工作原理

离心式通风机的工作，主要是依靠离心力来实现。旋转的通风机叶轮，使气体获得离心力。在叶轮的中心处，因为气体的径向发射使中心处呈现负压，使通风机具备了将气体吸进来的能力。同时，在叶轮外围空间，流速 V 等于出口流速，可是，气体在旋转中，离开叶轮叶片时的速度 U，却远远大于流速 V，这使气体在运动中，有一个将动压转变成静压的过程。这一过程的完成，使通风机机壳空间呈现正压，因而，通风机具备将气体经出口压出去的能力。上述过程的反复出现和完成，使通风机连续不断地将气体吸进来、压出去。

4.6.4 通风机安装、使用注意事项

通风机安装、使用时需要注意以下事项：①输送易燃、易爆混合性气体中的硬质颗粒物，不允许多于 150 mg/m^3，最大直径不允许超过 2 mm；②在吸入管上要装保护用黄铜网，以防止静电火花和其他物质的吸入，保证防爆通风机的安全；③外接电缆进入接线盒固定时，接线盒本身及其引入装置和电缆间必须严格密封，不允许接线盒渗水；④电缆必须接地；⑤联轴器必须找正；⑥在使用期间定期更换润滑脂。

为了消除通风机配用电动机的事故隐患，保证运行质量，电动机应定期检修，一般 3 个月小修一次，每年大修一次。小修时应清除机体的积污垢，应保持接线电动机线圈的绝缘电阻，检查接头、接地线、各紧固零件及传动机构的连接有无松动，消除所发现的隐患。大修时，应将电动机拆开，除进行小修项目以外，还要检查线圈是否完好，端部绑扎是否损坏，清洁机体内外，检查电动机的轴承磨损情况及更新润滑脂。

4.6.5 通风系统保养维修

一般每月校检一次探头，清洁进风口网上杂物，保证进风口畅通无阻。每月加注润滑剂，更换润滑油，检查联轴器，如果磨损过多，应及时更换。

思考题

1. 简述柴油机的启动方式。
2. 简述螺杆压缩机的工作过程与特点。
3. 简述压缩空气瓶的设计要求。
4. 简述锅炉给水泵的控制方式。
5. 简述电解铜铝处理海水法的工作原理。

第5章　压载排放与处理系统

教学目标

1. 了解压载水、舱底水、疏排水和生活污水系统的组成与特点。
2. 熟悉压载水、舱底水、疏排水和生活污水系统主要设备、工作原理。
3. 掌握压载水、舱底水、疏排水和生活污水系统的设计要求。
4. 重点掌握压载泵、舱底泵流量的计算与数量的配置。

海洋平台拖航、插桩和拔桩过程中，为了保障平台平稳安全的稳心高度，需要对全平台压载舱进行压载水的注入、排出和调驳。与舱底水系统、生活污水系统一样，压载水系统的排放也存在污染问题，都应遵循相关规范要求进行排放处理。在移动式海洋平台中，舱底水系统是重要的保障系统，它不仅要求在平台拖航时，对水密舱室内生成的舱底水能有效地排出(机器处所的含油舱底水须经分离油分后排放)，而且在紧急情况下，对水密舱室在有限进水情况下也能进行有效的排水。本章着重介绍压载水、舱底水、疏排水和生活污水系统的组成来源与工作处理过程，阐述系统主要设备的工作原理，并简明扼要地说明系统管路安装的技术要求。

5.1 压载水系统

根据海洋平台营运的需要，压载水系统可对全平台压载舱进行注入、排出和调驳，调整平台的吃水和船体纵横向的平稳，保证安全的稳心高度，减小船体变形，以免引起过大的弯曲力矩与剪切力，降低平台振动和改善空舱适航性等。

5.1.1 压载系统的工作过程

图 5-1 是海洋平台压载系统原理图，压载系统工作过程包括压载水的注入、排出和调驳。

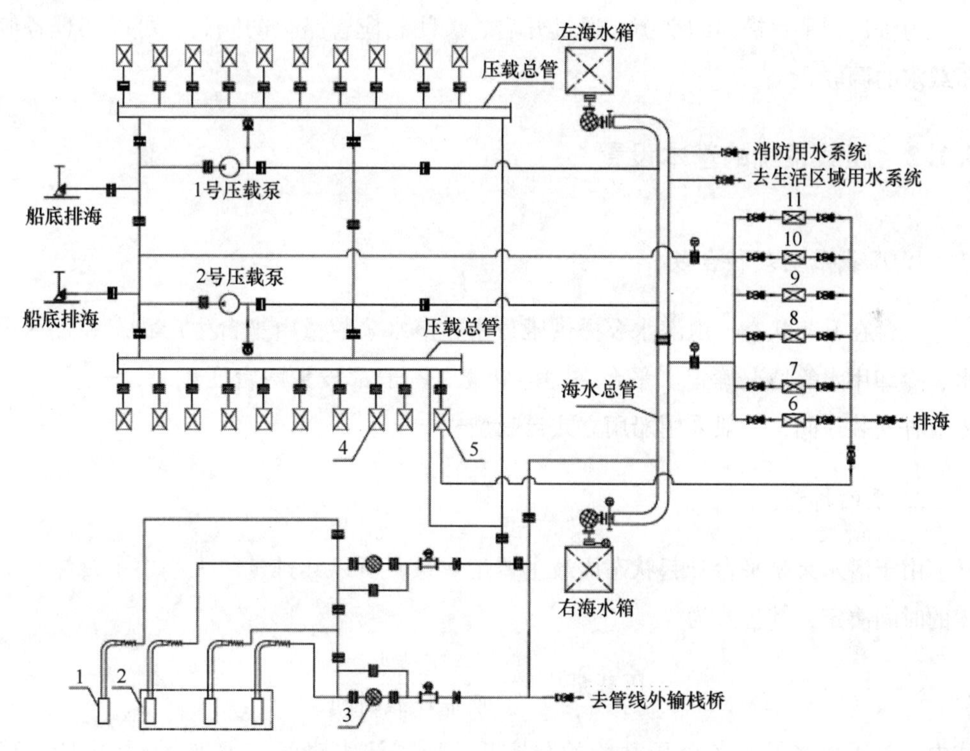

图 5-1　海洋平台压载系统原理图

1—应急潜水泵；2—海水提升三角泵架；3—海水提升系统过滤器；4—压载舱；5—海水舱；6—冷冻机热交换器；7—中央空调热交换器；8—1 号主机热交换器；9—2 号主机热交换器；10—3 号主机热交换器；11—4 号主机热交换器

1. 压载水的注入

舱底压载通用泵、压载水泵自海水总管吸水，经过遥控阀门到达首部、尾部（左、右舷）压载水总管、各舱支管后进入各压载水舱。

2. 压载水的排出

各压载水舱压载水可以通过舱底压载通用泵、压载水泵将各舱支管吸入的压载水排至压载水处理装置处理后再排至舷外。

3. 压载水的调驳

为了达到平台横向的平衡，通过开启、关闭相应管路上的阀门，可以实现各舱压载水的调驳。

5.1.2 压载系统的基本设置

1. 压载泵型式和台数

平台在升起状态，由潜水泵提供压载水，潜水泵数量由平台生产状态和生活用水、冷却用水等情况确定。平台在漂浮状态，一般都设置两台压载泵，一用一备，为节省安装空间，一般采用船用立式自吸型式。

2. 泵的排量

由于潜水泵是平台升起状态压载主要工作泵，所以其排量的大小由平台注水所需的时间决定，其公式为

$$\text{压载泵排量}=\frac{\text{总压载水量}}{\text{所需压载时间}}$$

式中，总压载水量为各个压载舱的总容积；所需注水时间一般取 6 h（由船东确定）。

3. 压载水舱的设置

压载水舱可设置在双层底舱、深舱、艏艉尖舱和边水舱等。双层底舱、深舱主要用以改变船舶与海洋平台的吃水，艏艉尖舱主要用以调整船舶、海洋平台纵倾，边水舱主要调整船舶平台的横倾。

5.1.3 压载管系管子材料及附件选择

1. 管子材料

压载水系统所用管子的材料均采用镀锌钢管，但由于钢管易腐蚀，尤其是装在压载水舱内的管子腐蚀更快且更换非常困难，所以在选用管子时应保证管子的腐蚀余量取值符合相关规范要求。

2. 阀门

对于直径在 φ100 mm 以下的压载管系，一般采用直通或直角截止阀；直径大于 φ100 mm 的管子，现在广泛采用蝶阀。材料可以采用铸铁。舷侧的排出阀应采用铸钢，也可以采用延展性好的材料制成的截止止回阀。

3. 吸口

吸口按形状分类有圆形和椭圆形两种，一般在 φ200 mm 以下采用圆形吸口，φ200 mm 以上采用椭圆形吸口。另一个很重要的问题是吸口与船底的安装间隙，见图 5-2，从压力损失的角度看间隙 C 越大越好，但从吸干能力方面考虑，则应尽可能小。根据经验，对 φ200 mm 以下的吸口，安装间隙 C 取 20 mm，对 φ200 mm 以上的吸口，安装间隙 C 取 30~50 mm。

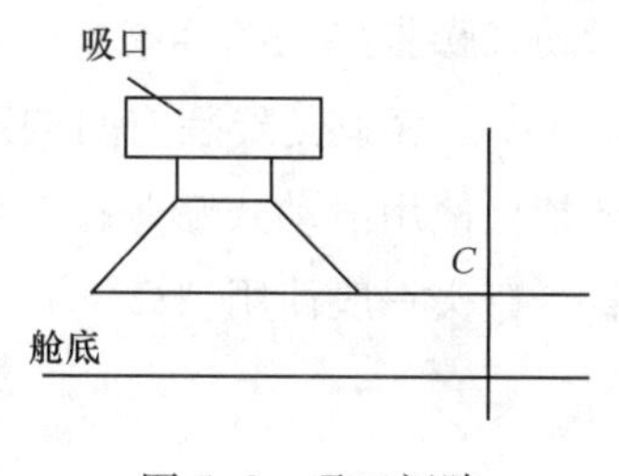

图 5-2　吸口间隙

4. 管架

如管架安装不当，一旦与船体发生共振不仅将损害管子本身，而且也可能损伤船体的构件。恰当的管架间距可按图 5-3 选用。

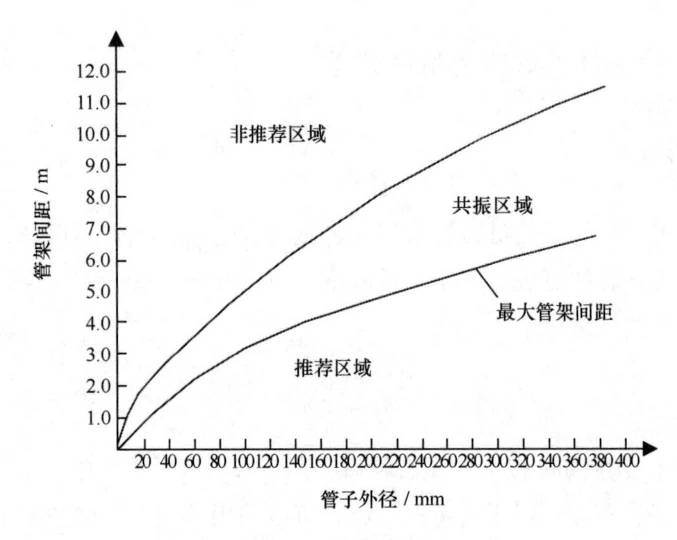

图 5-3　管架间距离

5. 膨胀接头

如图 5-4 所示，压载管中应使用膨胀接头，以吸收由于船体挠曲而造成的管子伸缩量。吸收伸缩量的方法，一般使用滑动式膨胀接头或将管子弯曲。滑动式膨胀接头因不像管子弯头那样受安装位置的限制，而且直径大时价格还比管子弯头便宜，故使用最为广泛。但由于存在漏泄、破损等缺陷，安全性比管子弯头差，各船级社的规范也限制其使用场合。滑动式膨胀接头的伸缩量一般为±（30~40）mm，在普通压载管中每 30 m 安装一个。管子弯头受安装空间的限制，但从漏泄、破损角度看，其安全性较好。故在上述禁止使用滑动式膨胀接头的场所及其他特别需要安全的场所，应使用管子弯头。管子弯头一般使用“Ω”形，其最大伸缩量见表 5-1。

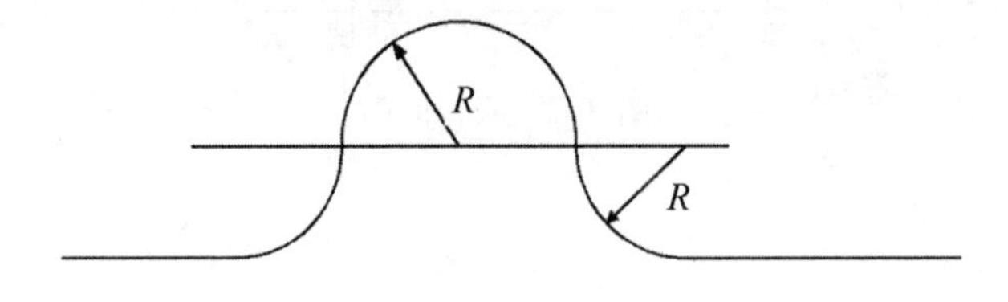

图 5-4　“Ω”形管子弯头补偿器

表 5-1 "Ω"形管子弯头补偿器最大伸缩量

曲率半径 R（图 5-4）	管子公称直径 d/mm					
	50	100	200	300	400	500
	管子外径/mm					
	57	108	216	325	427	529
4 d	18	40	82	136	170	222
5 d	25	57	123	192	270	325
6 d	32	76	161	265	355	475
8 d	51	114	250	430	590	800

5.1.4 压载管系布置安装要求

（1）压载管系的布置和压载舱吸口的数量，应使平台在正常操作和移位条件下的正浮或倾斜位置均能排除和注入各压载舱的压载水。

（2）每个压载舱均应能由两台具有足够排量而又独立动力的压载泵注入或排出压载水，或由可控制的海水阀自流压载。

（3）压载管系的布置，应避免平台外的水或压载舱内的水进入储存舱、机器处所或其他舱室。

（4）压载水管不应通过饮水舱、锅水舱或滑油舱。如果不可避免，则应保证通过饮水舱、锅水舱或滑油舱内的压载管壁厚应符合表 3-2 的要求，并应采用焊接接头。

（5）压载管系不得与储存舱及机舱、炉舱的舱底管系和油舱管系接通，但泵与阀箱之间的连接管、泵排出舷外总管以及下述情况除外：①油舱（包括深舱）可能用作压载舱时，压载管系应装设盲板或其他隔离装置。②饮用淡水舱兼作压载舱时，为避免两个系统相互沟通，也应符合这一要求。含油压载水的排放，应符合有关防止平台造成污染的规定。

（6）一般不应在燃油舱内装载压载水。如果需在燃油舱中装载压载水，则应设有适当的防止含油压载水污染海洋的设施。

5.1.5 压载水管理公约

海洋平台与船舶一样，同样存在压载水的排放污染问题，特别是移动式海洋平台，由于作业海域不断变换，所辖海域的管理条约要求也不同，因此在进行设计时，应及时与相关船级社沟通联系，同时要关注和了解相应国际规范要求。

1. 海事环保法规分类

在海事环保法规“家族”中，一般可以分为三类：①事先防范类，如《经 1978 年议定书修订的 1973 年国际防止船舶造成污染公约》（简称《MARPOL 73/78 公约》）、《2009 年船舶安全与环境无害化回收再利用香港国际公约》（简称《香港公约》）、《国际船舶压载水和沉积物控制和管理公约》（简称《压载水公约》）等；②应急处理类，如《1990 年国际油污防备、反应和合作公约》（简称《OPRC 90 公约》）等；③事后赔偿类，如《国际油污损害民事责任公约》（简称《CLC 公约》）等。《国际船舶压载水和沉淀物控制和管理公约》作为一种事先防范类环保公约，其发展历史也是人类对海洋环境保护深入认知的历史。

2. 控制压载水排放意义

船用压载水主要是为确保船舶在空载或不满载情况下的稳性和浮态，而在船舶离港前用海水在其压载舱中打入压载水，并在抵达预定港口装货前，将压载水逐渐排空，以便船舶可以最大限度地装载货物。船舶在打入压载水的同时，将海洋水生物带入压载舱中，而在另外一处港口的海洋环境中打出压载水，也将这些异地水生物带入另一海洋环境，从而对新的海洋环境的生态造成影响和破坏，有时甚至是致命的破坏。1990 年由于受船舶压载水带来的有毒海藻大量繁殖的影响，新西兰整个贝类产业被迫关闭，这是人类对海洋环境的破坏所酿成的生态灾难。

而一旦某种生物在新的水域环境中生存下来，将很难被消灭，对这些生物的抑制将非常昂贵。美国和加拿大大湖区水域中的外来物种斑纹蚌的入侵，使两国政府仅在 2000 年就花费了 50 亿美元来解决生态问题。更有甚者，航行自大规模发生疾病疫情的地区水域的船舶，其压载水中很可能会携带病原菌，如果在排放时不加控制，则很可能会造成病原菌的扩散，其后果就是灾难性的了。

3.《压载水公约》的主要内容和标准

《压载水公约》是国际海事组织（IMO）第一个涉及生物技术的公约。压载水处理技术可以包括物理、化学、生物或者多种技术的组合，当采用某种技术杀灭或清除压载水中的有害水生物时，又可能同时引发次生危害或造成二次污染。因此，《压载水公约》中要求船舶上的压载水处理技术必须提交 IMO 环保会下的专门小组（GESAMP-BWWG）评估后，再经环保会批准。这一程序要求不同于《SOLAS 74 公约》和《MARPOL 73/78公约》中对船舶设备的传统的认可程序，其差别在于：①《SOLAS 74公约》和《MARPOL 73/78公约》中船上设备须经主管机关/被认可组织认可；②《压载水公约》规定船舶压载水处理技术首先须提交IMO批准，经IMO批准的技术应用到船上时还须经主管机关/被认可组织进行型式认可。

《压载水公约》正文22个条款，各分类条款如下。

（1）一般性条款：定义、适用范围、区域合作、信息交流、文字。

（2）原则性条款：一般责任、控制压载水有害水生物和病原体传播、沉积物接收设施、科学研究和监测、检验和发证、违章、船舶检查、对船舶的不当延误等。

（3）公约常规条款：调解争端，签署、批准、接受、核准和加入，生效条件，修正、退出、保存等。

（4）《压载水公约》中提出了船舶要按时间表满足压载水排放的性能标准（附则第D-2条）。

（5）进行压载水管理船舶的排放，应达到每立方米中最小尺寸大于或等于50 μm的可生存生物少于10个；每毫升中最小尺寸小于50 μm但大于或等于10 μm的可生存生物少于10个。指标微生物应包括但不限于：①有毒霍乱弧菌（01和039）：少于每100 mL 1个菌落形成单位（cfu）或少于每1 g（湿重）浮游动物样品1个cfu；②大肠杆菌：少于每100 mL 250个cfu；③肠道球菌：少于每100 mL 100个cfu。

5.2 舱底水系统

在移动式海洋平台中，舱底水系统是重要的保障系统，它不仅要求在平台拖航时，对水密舱室内生成的舱底水能有效地排出（机器处所的含油舱底水须经分离油分后排放），而且在紧急情况下，对水密舱室在有限进水情况下也能进行有效的排水。

5.2.1 舱底水的来源

舱底水一般来源于以下几种途径：①主机、辅机、各类设备及管路接头处渗漏的油和水；②从空压机、空气瓶泄放的凝水，蒸汽分配阀箱和蒸汽管路的泄放水；③空调管路、风管的凝水以及钢质舱壁和管壁的凝水；④清洗各设备零件等的冲洗水；⑤在水线附近舱室及甲板的疏排水；⑥扑火时的消防水、甲板冲洗水；⑦对某些特殊舱室在紧急情况下的灌注水。

这些油和水最后都进入舱底，形成一种含有平台上所使用的各种油类和固体杂质等的油水混合物。这类混合物不仅影响机舱内的有关动力装置的正常运行，对平台本身及各类机械设备也有一定的腐蚀作用。机舱含油污水主要混有滑油、燃料油以及洗涤剂、防锈剂等，含有生物累积不可消解的有机污染物，如多芳香烃类或氯化了的芳香烃、油、铜、铁、水银、锌、镍等，其 pH 值都偏酸性，一般所含油分为 10 000 mg/L，其密度为 0.85～0.96 kg/m^3，黏度为 4.7～240 mm^2/s（50℃时），残碳量为 0.4%～8.3%（质量百分比）。

5.2.2 海洋环境保护与油污水处理方式

海洋污染指人类直接或间接地把一些物质或能量引入海洋环境（包括河口），以至于产生损害生物资源，危及人类健康，妨碍包括渔业活动在内的各种海洋活动。海洋的污染源多种多样，包括沿海工业污染物质的排放，大陆径流，海上交通活动，海上采油、采矿，大气中污染物的沉降及海洋中的污染物。这些污染物进入海洋之后造成的危害是明显的，它影响海洋生物的生长，对海岸活动，海洋资源的开采工作有重大的经济影响，还可能影响局部地区的水文气象条件，降低海洋的自净能力。特别是平台集中的海域内无限制的排放就会造成海域内溶解氧减少，水质富营养化，微生物大量繁殖，严重时水体会变黑发臭。

根据《MARPOL 73/78 公约》规定，船舶舱底水必须经过油污水处理装置处理达标后方能排放。油水分离设备能否处于良好的工作状态，直接关系到处理水能否满足排放标准，是否对海洋造成污染。

对舱底水的处理主要有两种途径：一种是将污油水暂时保留在平台上，待以后由专用污水收集船接收至岸上进行处理；另一种就是用平台上油水分离设备进行分离，将符合标准的处理水（经油水分离设备处理过的舱底水）按规定条件排放入海。

目前海洋平台常用的油污水处理方法有重力分离法、吸附法、聚积分离法、过滤法、膜分离法、生物氧化法等，从当前的技术水平看，采用单一方法处理船舶油水，难以达到满意的效果，在实际应用中通常几种方法联合使用，形成多级处理的工艺。如胜利作业五号平台采用的是真空微滤式油水分离装置，分离器由一、二级分离器、专用泵、电器控制箱、油分报警记录仪、转换阀、循环检测系统等附件组成的舱底水处理方式。配套专用泵不直接吸收含油污水，避免了原油污水乳化，保证一级分离器有较好的分离效果，一级分离器中的聚结元件能自动反冲洗，不会堵塞，长期使用无须更换。

一级分离和二级乳化油分离能自动转换，排油自动控制。

5.2.3 油污水排放标准

对《MARPOL 73/78 公约》修正案进行修改后，国际上现行的排放标准如下。

1. 在特殊区域外的排油控制

特殊区域：指地中海区域、波罗的海区域、黑海区域、红海区域、“海湾”区域、亚丁湾区域和南极区域。

（1）舱底污水不是来自货油泵舱的舱底，也未混有货油残余物。

（2）船舶不在特殊区域内。

（3）船舶正在航行途中。

（4）排出物含油量小于 15 mg/L。

（5）船上所设符合本规则要求的油水过滤设备正在运转。

2. 在特殊区域内的排油控制

（1）舱底污水不是来自货油泵舱的舱底，也未混有货油残余物。

（2）船舶正在途中航行。

（3）未经稀释的排出物的含油量小于 15 mg/L。

（4）船上所设符合本规则要求的油水过滤设备，正在运转。

（5）当排出物含油量超过 15 mg/L 时，该过滤系统备有停止装置能确保自动停止排放。

3. 油污水含油量标准

在我国《船舶污染物排放标准》（GB 3552—1983）中规定，船舶排放的含油污水（油船压舱水、洗舱水及船舶舱底污水）的含油量标准如下。

（1）内河和距最近陆地 12 n mile 以内的海域不大于 15 mg/L。

（2）距最近陆地 12 n mile 以外的海域不大于 100 mg/L。

5.2.4 舱底水系统的组成

图 5-5 是某移动式海洋平台的舱底水系统组成图，它由舱底泵、污油泵、油水分离器、排油监控器、油水分离水舱、污油柜、舱底水水舱、各种阀门、管道、连接件和各处的漏水口等组成。由一台布置于发电机舱的舱底泵抽除各机械舱室污水

井中的污水，污水经不锈钢快卸过滤器过滤排至舱底水舱，另一台舱底泵布置于泵舱作为备用泵。各舱污水井设高位报警。系统利用舱底泵将各污水井中的油水混合物抽到舱底水舱中，当舱底污水高位报警时，系统中的油水分离器将自动启动，对舱中污水进行分离处理，分离的污油进入污油舱，分离水进入分离水舱，采用污水泵将污油和分离水泵入受污设备，超标水泄入舱底。

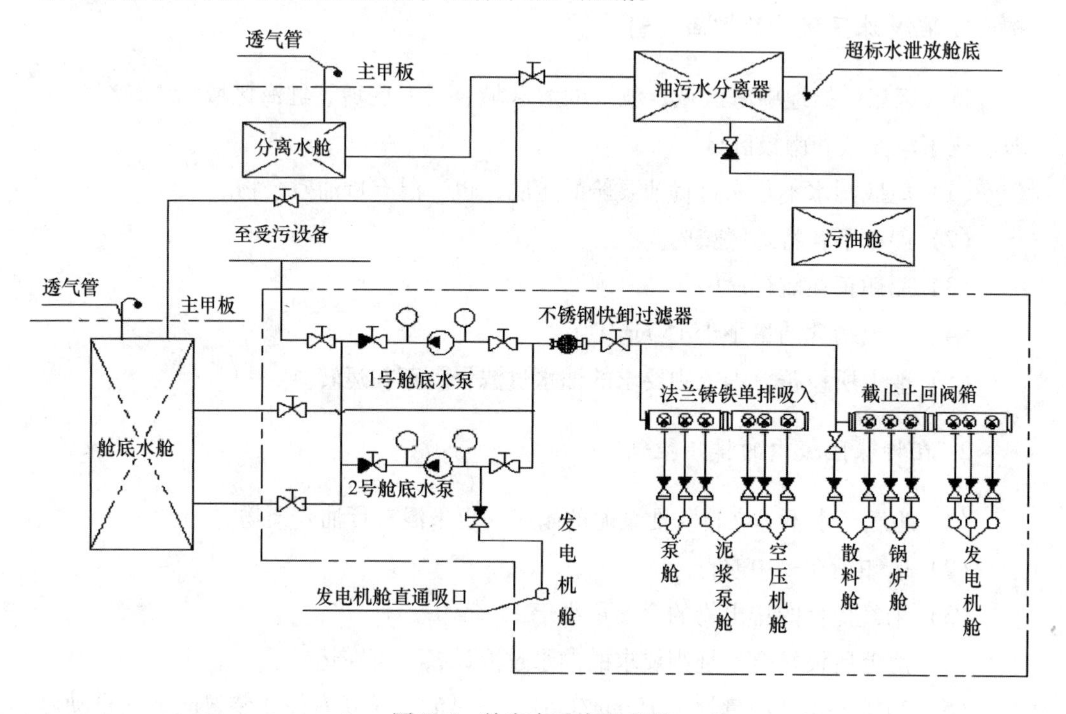

图 5-5　舱底水系统组成图

5.2.5　舱底水系统主要设备及附件

1. 舱底水泵

可以用来作为船舶舱底水泵的水力机械设备包括喷射泵、离心式泵、活塞式泵、轴流式泵。其中，离心式泵因其排量大、对水质的要求低和价格便宜而常用作舱底总用泵或消防总用泵；活塞式泵因能产生较高的真空度，故抽吸能力强，又不易使浮于水面的油滴粉碎而混入水中而增加分离的难度，故广泛用于专用的舱底水泵；轴流泵很少用作舱底水泵，一般的舱底水所含杂质多，易引起螺杆的磨损。船舶上如要使用轴流泵作为舱底水泵，均为单螺杆。

2. 喷射泵

喷射泵的结构部件中没有运转部件，它的动力是高压的液体，也不带有原动机。所以结构简单，外形尺寸小，在船舶舱底水系统中应用较为广泛。喷射泵由喷嘴、混合室和扩压管三部分组成。图 5-6 为喷射式舱底水泵示意图。

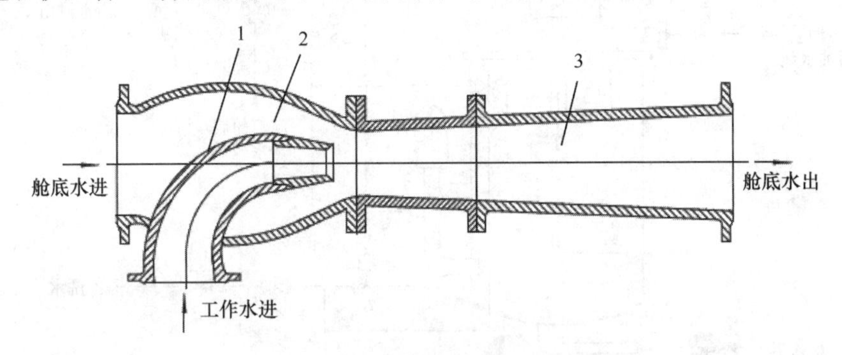

图 5-6　喷射式舱底水泵示意图

1—喷嘴；2—混合室；3—扩压管

喷射泵的工作原理是利用高压水作为动力来吸排液体的。从消防系统来的工作水通过喷嘴 1 后以高速喷出，并且带走喷嘴周围的空气而产生一定的真空，使舱底水从吸入口压进混合室 2。工作水和舱底水在混合室中不断地相互碰撞、混合而进行动量交换。混合以后一起进入截面积逐渐扩大的扩压管 3，混合水在扩压管中速度逐渐降低，静压逐渐升高，使泵出的液体建立起压头，达到排出液体的目的。

喷射泵的舱底水进出管路的安装均有技术要求，即在与喷射泵舱底水进出口连接前后均应有一定长度的直管段，以减小阻力。为不影响其排量，须使出口的阻力减到最小为好。

3. 舱底水油水分离器

按照有关规范和国际公约的规定，船舶排出的舱底水含油量应小于 15 mg/L，故必须对含油舱底水进行油水分离后方可排出舷外。舱底水油水分离器的作用就是将水中的油分分离出来。图 5-7 是舱底水分离器的管路系统图。

1）舱底水分离器的流程

舱底水分离器采用将排出泵 7 安装在分离器出口的方式，它的好处是经过泵的水已经是分离过后的净水，可延长泵的使用寿命。舱底水经过滤器 1 和截止止回阀 2 被吸入分离器，经过粗分离（重力分离）和细分离（聚合物体）后，清水由排出管 7 抽出，通过节流阀 8 和气动三通阀 9 和舷旁排出阀排至舷外。

节流阀 8 的作用是限制舱底水排出的流量，使含油舱底水在分离器中停留一定的时间，确保分离效果。

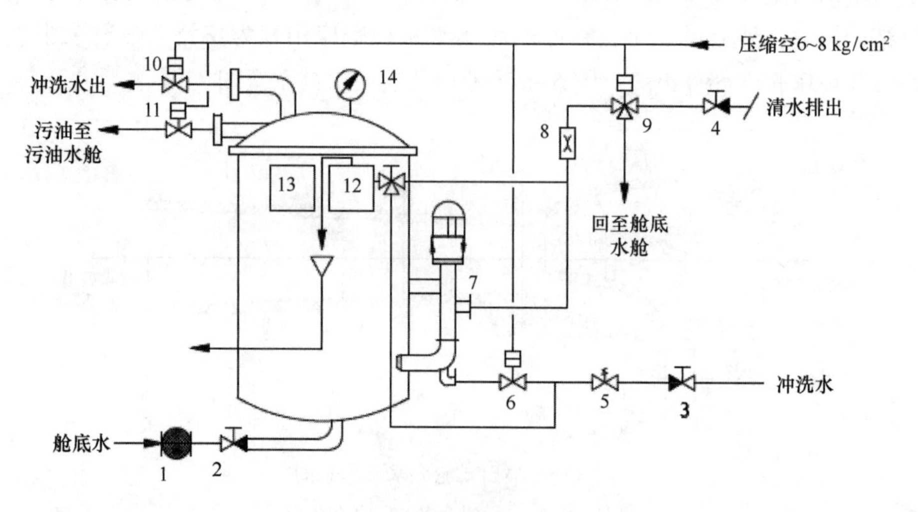

图 5-7　舱底水分离器管理系统图

1—滤器；2、3、4—截止止回阀；5—减压阀；6、10、11—气动活塞阀；7—排出管；8—节流阀；9—气动三通阀；12—油分监测仪；13—控制箱；14—压力表

2）舱底水分离器工作原理

舱底水先经过若干喷嘴供入油水分离器内，由于喷嘴的扩散作用，供入油水分离器内的舱底水迅即散开，其中粗大油粒被分离上浮进入上部的集油室，含有细小油粒的污水在分离器内部流动中经过聚合物体组成的滤网也被分离开来，或形成较大颗粒的油滴后聚集到分离器的上部，达到油水分离的效果。

当分离器上部的油量达到一定高度时，通过油分监测仪 12 将信号传至控制箱 13，接通气动活塞阀 11 上的电磁阀，使气动活塞阀 11 打开，同时，排水管 7 停止运转，气动活塞阀 6 也同时打开，冲洗水通过截止止回阀 3、减压阀 5 与气动活塞阀 6 进入分离器，使分离器内的污油排至污油舱。同时对分离器进行反冲，将聚合物体上的污物冲洗下来，通过气动活塞阀 11 排至污油舱；当污油排出一段时间后，水位又升高到某一位置时，气动活塞阀 11 自动关闭，同时气动活塞阀 10 打开，继续将含有少量油分的污水排到舱底水舱。根据设定的排油及排污水的时间，也即当分离器内充满清水后，气动活塞阀 6、10 同时关闭，舱底水泵启动，重复以上的分离过程。即该分离器装有时间控制及反冲装置，冲洗水的压力应不大于 98. 07 kPa。

油分监测仪 12 通过三通阀与清水排出连通，当油分超过 15 mg/L 时，发出报警且输出电信号，接通压缩空气，使三通阀转换位置，让分离出来的不合格水回流到舱底水舱。

4. 舱底水吸入口和泥箱

图 5-8 为舱底水吸入口，称为止回吸入滤网。图 5-9 为舱底水吸入滤器，又称泥箱。舱底水吸入口安装在舱底水吸入支管的末端，而泥箱一般安装管路中间，污水井的上方。两者相同之处是都起到过滤的作用，不同的地方是舱底水吸入口能起到止回的作用，而泥箱无止回作用，因而在泥箱之前 必须安装一只截止止回阀。另外，舱底水吸入口必须安装于舱的最低处或污水井内，因此一旦堵塞，清洗相当困难。且当止回阀芯不能就位时，维修也困难。但泥箱就不同，可以安装在比较高的位置，清洗也比较容易。由于止回阀位于滤器与舱底泵之间，止回阀也不易卡住。

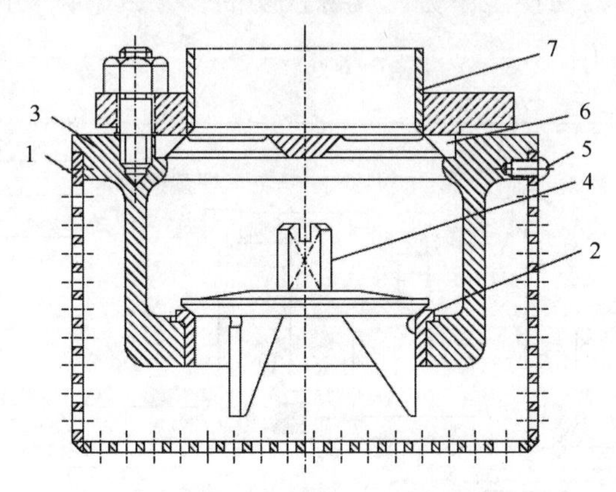

图 5-8　舱底水吸入口

1—滤网；2—阀座；3—阀体；4—止回阀；5—固定螺钉；6—盖；7—吸入管

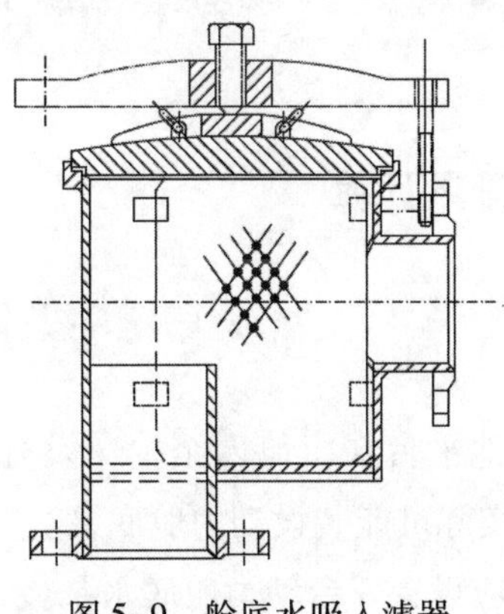

图 5-9　舱底水吸入滤器

5.2.6 舱底水自动排放控制

对于自动化程度较高的船舶，均要求在污水井高位时能将舱底水自动排放至舱底水舱或舷外。图 5-10 是舱底水自动排至舱底水舱的系统图。其工作原理如下。

当污水达到高位时，气动浮子液位信号器 1 到达上方位置，气源通过液位信号器到达气动开关 2，使气动开关的电触点接通电源。报警信号装置 3 发出声光报警信号，同时将电源送到二位三通电磁阀 5。电磁阀通电后，达到下面方框的位置，气源通过空气滤器 4 到达气动舱底水吸入阀 6，使该阀打开。当气动阀全开时，气源又被通至气动开关 7，接通电源。从气动开关 2、7 来的电源使泵启动控制箱 8 中的电路全部接通，舱底水泵启动，开始将舱底水排至舱底水舱 11。当水位降低至一定位置时，液位信号器切换至下方，气源被切断，导致电源切断，声光信号消失，气动阀关闭，泵停止工作。

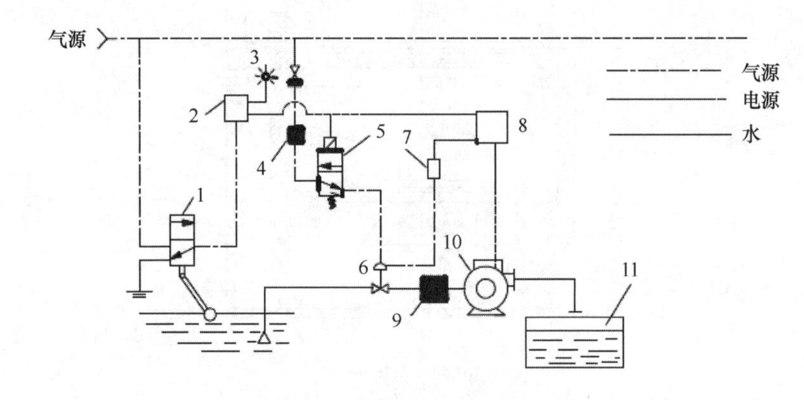

图 5-10 舱底水自动排放系统图

1—气动浮子液位信号器；2、7—气动开关；3—报警信号装置；4—空气滤器；5—二位三通电磁阀；6—气动舱底水吸入阀；8—泵启动控制箱；9—舱底水吸入滤器；10—舱底泵；11—舱底水舱

5.2.7 舱底泵和舱底水管系计算

1. 舱底泵数量

（1）除居住平台外的其他平台在机舱内至少应设有两台动力舱底水泵送装置。对独立的水密舱室，应根据实际可能装设动力舱底泵。

（2）对于居住平台至少应设置 3 台动力舱底水泵。

（3）在上述（1）中所述每台舱底泵，可由几台泵组成的舱底泵组代替。每一泵组总排量应不小于规范中所规定的一台舱底泵的计量排量。

（4）独立动力的卫生泵、压载泵及总用泵，当其排量足够且为自吸式泵或带自吸装置的泵并与舱底水管系有适当连接时，均可作为独立动力舱底泵。

（5）除居住平台外的其他平台，一个舱底水喷射器如有适当压力的海水泵供水并与舱底水管系有适当连接时，可取代一台所要求的独立动力舱底泵。

2. 舱底泵的型式和排量

（1）所有的动力舱底泵，均应为自吸式泵。

由于舱底水泵要抽出舱底水，有时需排水的舱室离泵又较远，因此所有的动力舱底泵必须为自吸式或带有可靠的自吸装置。常用的自吸装置为压缩空气喷射器、叶片式真空泵等，且都配备自动控制装置，在舱底水泵启动时自吸装置动作，使吸入管路形成负压，而一旦引水成功自吸装置即自动停止工作。

（2）连接应急舱底水吸口的冷却水泵，不必为自吸式泵。

（3）每一动力舱底泵应能使水流经所需的舱底水总管的水流速度不小于 2 m/s。当有两台以上的泵连接到舱底系统时，则其总排量不能低于该有效值。

（4）每一舱底泵的排量 Q 应不小于按下述公式计算之值：

$$Q=5.66d_1^2\times 10^{-3} \quad (\mathrm{m^3/h})$$

式中，d_1 为舱底水总管内径，mm。

除居住平台外的其他平台，当一台舱底泵的排量稍小于规定值时，则其差额可由其他舱底泵超过的排量补足，通常，该差额应限制在规定值的30%之内。

3. 自升式平台舱底水管尺寸计算

（1）舱底水总管的横截面积应不小于两根最大舱底水支管规定截面积之和。

（2）每一舱室舱底水支管的内径 d_3 应不小于按下式计算所得之值：

$$d_3=25+2.15A^{1/2} \quad (\mathrm{mm})$$

式中，A 为当舱内进水一半时，不包括扶强材在内的该舱被浸湿的表面面积，$\mathrm{m^2}$。

（3）对不规则形状的舱室，A 值应专门考虑。

（4）任何舱底水支管内径应不小于 50 mm。

（5）主机舱和电力推进的电机舱以及辅机舱直通舱底泵的舱底水管内径，应不小于舱底水总管内径。对于分散的小型机器处所，其直通舱底泵的舱底水管内径可另行考虑。

（6）轴隧舱底水支管内径一般应不小于 65 mm，当平台长等于或小于 60 m 时，其内径可为 50 mm。

（7）连接舱底水总管和分配阀箱的连接管的截面积，应不小于连接于该阀箱的两个最大舱底水支管的规定截面积的总和，也不必大于所规定的舱底水总管的截面积。

5.2.8 舱底水管系布置安装要求

1. 舱底水泵和舱底水管的连接

（1）舱底泵与舱底水管系的连接，应确保当其他舱底泵检修时，至少有一台泵可工作。

（2）泵及其管路的布置，应能使所连接的任何泵的工作不受同时工作的其他泵的影响。否则，平台推进用泵或其他各主要用途的泵，不得接到一个公共吸入阀箱或公共排出阀箱或公共管路上。

（3）所有舱底水吸入管，在与舱底泵吸入阀箱连接之前，不应与其他管路有任何连接。

2. 止回布置

为了防止水密舱室间、水密舱室与储存处所和机器处所间、干燥舱室与海水或舱柜间发生沟通的可能性，下列附件上应装设截止止回阀。

（1）舱底水分配阀箱；

（2）舱底泵或舱底水总管上舱底水吸入软管的接管；

（3）直通舱底泵吸入管；

（4）舱底泵与舱底水总管之间的连接管。

3. 通过液舱（柜）舱底水管

（1）舱底水管应尽量避免通过液舱（柜），如不能避免，则通过液舱（柜）的舱底水管的管壁厚度应符合表 3-2 的要求，并采用焊接接头或其他可靠接头，接头数量应保持最少。非钢制舱底水管的壁厚应特别考虑。

（2）在液舱（柜）内的舱底水管应装设非滑动式膨胀接头。安装完成后，通过液舱（柜）的管路应经压力试验，试验压力不小于该舱的试验压力。

（3）在储存处所的舱底水吸入管的开口端应安装认可型的止回阀，以减少浸水的危险。

4. 舱底附件

（1）机器处所和轴隧内的每根舱底水支吸管及直通舱底泵吸管（应急吸管除外），均应设置泥箱，该泥箱应易于接近。并自泥箱引一直管至污水井或污水沟。直管下端或应急舱底水吸口不得装设滤网箱。

（2）货舱及除机器处所和轴隧外的其他舱室舱底水吸入管的开口端，应封闭在网孔直径不大于10 mm的滤网箱内。滤网箱的通流面积应不小于该舱底水吸入管截面积的两倍。滤网箱应便于拆装和清理。

（3）舱底阀件、旋塞和泥箱应尽可能装在靠近机器处所和轴隧的花钢板处或在花钢板之上，如果装在花钢板之下，则花钢板应有活门或盖子以及指明上述附件存在的铭牌。

5. 其他

（1）残油舱和油类标准排放接头的设计、构造和布置，应符合有关国际公约的规定。

（2）舱底水系统的设置，应遵守有关防止平台造成污染方面的规定。

5.3 疏排水与生活污水系统

平台疏排水系统及生活污水系统是保持工作人员正常生活的重要系统，它不仅与生活紧密相关，而且涉及平台的安全。

疏排水系统可分为3个子系统：露天甲板疏排水系统、舱室疏排水系统和生活污水系统。

疏排水系统及生活污水系统的布局是否合理、管路是否畅通与舱室的总布置有很大的关系。对卫生间，尤其是卫生单元的布置，希望在上下层甲板的位置尽可能大致对齐。因此，在设计时应就舱室布置的实用舒适，结构强度的坚固以及船舶管系的合理性进行统筹考虑。

5.3.1 规范一般要求

根据中国船级社规范，平台甲板排水管和卫生排泄管的具体要求应符合《钢质海船入级与建造规范》（2012）及2013修改通报的相关规定，《1966年国际载重线公约》1988年议定书修正案附件B附则I第22条的有关规定及经修正的《1974年国际海上人命安全公约》，有关规定摘录如下。

（1）与机器运转有关的机器处所的主、辅海水进水孔和排水孔，应在管子与外板之间或管子与装配在外板上的阀箱之间装设易于到达的阀。这些阀可就地控制，并应设有表明阀开启或关闭的指示器。

（2）根据现行《国际载重线公约》（1988 年修正）要求，除上述规定外，凡从限界线以下处所引出穿过外板的每一独立排水孔，应设一个自动止回阀，此阀应具有从舱壁甲板以上将其关闭的可靠装置，或者应设两个无此类关闭装置的自动止回阀，条件是内侧的阀应设于最深分舱载重线以上，并能在营运状态下随时进行检查。如果设置有可靠关闭装置的阀，则在舱壁甲板以上的操作位置应随时易于到达，并应设有表明阀开启或关闭的指示装置。

5.3.2 露天甲板疏排水系统

1. 露天甲板疏排水管管径的确定

所有露天甲板，包括遮阳甲板的通道，都应设置甲板排水口。甲板排水口的数量、位置以及排水管管径应根据甲板面积的大小以及水流流向而定。

一般先估算出甲板的面积，然后除以每一个排水口的允许甲板排水面积，即可得出需要设置的排水口数量。位于上层建筑较高层的甲板，由于面积较小所以选用的管径较小。而位于下层建筑较低层的甲板、艉楼甲板、艏楼甲板，因面积较大，故选用的管径较大。排水口的纵向间距一般为 5~15 m，小型船舶、平台不宜取得过大，如果下层甲板的排水口兼作上一层甲板排水用，则下层甲板的排水口排水面积应适当考虑上一层甲板的排水面积。甲板排水管管径与允许甲板排水面积见表 5-2。

表 5-2　甲板排水管管径与允许甲板排水面积

公称直径/mm	40	50	65	80	100	125	150
允许甲板排水面积/m^2	20	45	90	140	290	50	780

注：上述数据是以降雨量 100 mm/h 为依据。

表 5-3 为露天甲板排水管管径推荐值，通常露天甲板排水管管径的确定仅考虑雨水、冲洗水的排出，而不考虑甲板上浪的大量舷外水。

表 5-3　露天甲板排水管管径推荐值　　单位：mm

<table>
<tr><th>区域</th><th>公称直径</th><th>区域</th><th>公称直径</th></tr>
<tr><td>烟囱顶部</td><td>32~40</td><td>起居甲板</td><td>65~80</td></tr>
<tr><td rowspan="2">罗经甲板、驾驶甲板、船长甲板、艇甲板、游步甲板</td><td rowspan="2">40~65</td><td>首楼甲板、尾楼甲板</td><td>80~100</td></tr>
<tr><td>上甲板、飞行甲板，易于上浪的首楼甲板</td><td>80~150</td></tr>
</table>

2. 甲板排水口布置要点

（1）为使排水畅通，通常各层甲板的排水管大致布置在同一个垂直位置。排水管的布置应避开舷窗、舷梯及救生艇收放以及吃水标尺等范围。

（2）排水管尽量为直管，管端甲板处设置格栅。

（3）因船体结构或舾装设备，使排水水流阻断处，应加设合适的排水口，或在肘板、基座底部适当开小的疏水孔。

（4）对于狭长或局部低凹区域可以涂敷水泥，以利于排水。排水口不宜设置在人员走动多的地方。

（5）对于可能有油类或有害液体滴漏至甲板从排水管流至舷外者，排水口应配有罩盖或堵塞，必要时可关闭排水口。

5.3.3　舱室疏排水系统

1. 居住区域内各舱室需设置疏水管或排水口的场所

（1）设有洗涤用水器具的房间。

（2）走廊，尤其是面临露天甲板的通道。

（3）厨房、配膳间、餐厅、蒸饭间、沸水器和咖啡器室（或沸水器周围围槛内）、淋浴室、更衣室、洗衣间、烘衣间、运动健身房及有其他可能积水的房间。

（4）冷藏库、空调机室、冷冻机室、货物控制室、舵机舱、锚链舱、帆缆舱及有可能造成积水的工作舱室。

对于医疗室或病房的地面排水以及该室内的浴缸、脸盆等的疏水归入生活污水系统，并排至生活污水处理装置。

2. 水平疏排水管路的倾斜度

水平疏排水管路的倾斜度见表 5-4，应用表 5-4 时，应注意下列几点。

（1）表中的倾斜度是相对于通过基线的水平面而言。

（2）流向首部管路的倾斜度是假设船的尾纵倾为20，如果船的尾纵倾超过20时，应增大倾斜度。如果上甲板梁拱较大，超过50：1 000，则流向舷侧的横向管路的倾斜度取40：1 000。

（3）水平走向管路的倾斜度并不是越大越好，它应该采用适当的数值。如果倾斜度太大，管内污水很易排干，污水中的固态物易在管中沉积而堵塞管路；如果倾斜度过小，虽然管内能保持一定的水深，但流速缓慢挤压污物的能力减弱也易堵塞管路。

表5-4　水平疏排水管路的倾斜度

场所	倾斜度	场所	倾斜度	场所	倾斜度
流向舷侧的管路	略大于 20：100	流向艏部的管路	略大于 50：1 000	流向艉部的管路	略大于 20：1 000

3. 舱室疏排水管径的计算

为计算方便，引用器具排水负荷单位（LU），假设洗脸盆的排水负荷单位为1。根据表5-5可查出各用水器具的排水负荷单位，再累计各支管（或干管）的排水负荷单位，则从表5-6可查得排水管管径。对地面排水管管径的选用见表5-7。

表5-5　用水器具的排水负荷单位

器皿名称	排水管公称直径/mm	最大撑水量/（$L \cdot min^{-1}$）	排水负荷单位
洗脸盆	32	35	1
小型洗脸盆	25	18	0.5
浴缸	40	70	2
洗池	40	75	2
厨房洗池	50	80	2
撑水口	40	35	1
排水口	50	62	2
排水口	65	92	3
排水口	80	139	4
排水口	100	220	6.5

表 5-6　水平向、垂向排水管路的允许最大排水负荷

公称直径/mm	水平向管子倾斜度	水平向管子允许的最大排水负荷单位 max（∑LU）	垂向管子允许的最大排水负荷单位 max（∑LU）
40	40：1 000	3	4
	20：1 000	1	2
50	40：1 000	9	13
	20：1 000	7	8
65	20：1 000	23	34
80	20：1 000	44	66
100	20：1 000	155	232
125	20：1 000	338	410
	10：1 000	228	342
150	20：1 000	660	870
	10：1 090	344	516

表 5-7　舱室的地面排水管管径的选用

场所	公称直径/mm	场所	公称直径/mm
公共浴室、淋浴间	40~80	洗脸间、餐厅、配膳间	50
厨房、洗衣室、游泳池更衣室	40~65	其他需排水舱室	40

表 5-8 和图 5-11 说明如何使用上述表格，算出排水负荷单位，然后查出管径。

表 5-8　排水管径计算表

管段（图 5-11）	总的排水负荷单位（∑LU）	查表选用的管径/mm
AB 倾斜度 40：1 000	1 × 4+2 × 1=6	φ50
CB 倾斜度 40：1 000	1 × 1+1 × 1=2	φ40
BD	6+2=8	φ50
CD 倾斜度 40：1 000	2 × 1+2 × 2+2 × 1=8	φ50
DF	6+2+8=16	φ65
EF 倾斜度 40：1 000	1 × 1+1 × 1=2	φ40
FH	16+2=18	φ65
HI	18+2=20	φ65

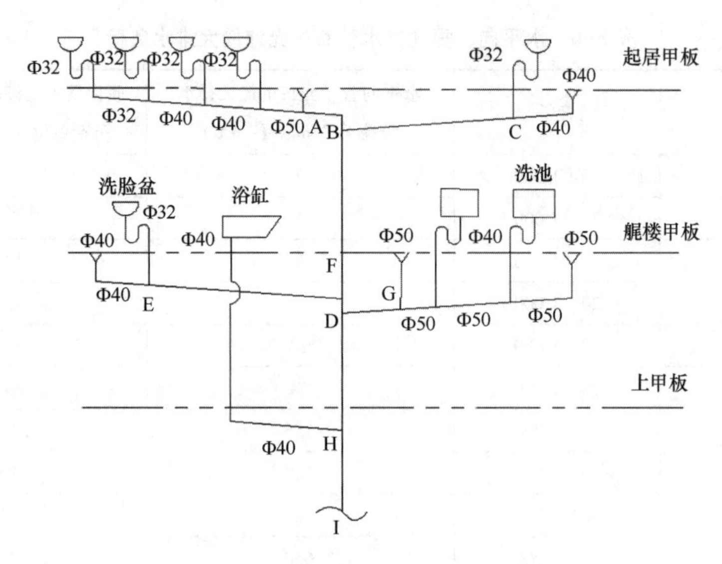

图 5-11　舱室疏排水管径计算图例

4. 舱室疏排水管路布置的技术要求

（1）舱室的疏排水管路因为水平向的干管与无水封的地面排水口直接接通，所以不必设置透气管。如果整个管路系统会形成憋气，则在憋气处设置小于 32 mm 或小 40 mm 的透气管。

（2）疏排水舷外排出孔开口位置应避开船体焊缝、吊放舷梯和救生艇的区域、舷窗、观察吃水用软梯位置以及干舷标记、船名等位置。

（3）水平向管路按规定的倾斜度敷设，在可能堵塞的弯角处或合适的管段处需设置清扫旋塞，周围并留有一定的空间，以便疏通管道。

（4）水平向的管路不宜过长，应尽可能短。

（5）在装货处所如有可能受到损伤，管子需加护罩。

（6）船舶、平台总体设计时，必须避免将需要进行疏排水的舱室布置在油舱或淡水舱尤其是饮水舱的上方。当无法避免时，通过油舱或淡水舱的疏排水管管壁应加厚。管壁厚度至少应与该处外板厚度相同，但不必大于 19 mm，并不得用可拆接头连接。通过油舱的疏排水管外表面不得镀锌。

（7）疏排水管一般不得穿过水密舱壁，除非经船级社同意。

（8）疏排水管路不应通过冷藏库，当无法避免时应布置在库内温度较高的部位，管径适当加大，管路外面包扎隔热物。鱼、肉冷藏库的排水口应附加木塞，并可关闭。蔬菜冷藏库的排水口应设有关闭装置并设水封。

（9）对浴缸、淋浴室以及其他排水量较多的场所，器具疏排水管路穿过两层甲板后再与垂直干管相连接，水平向管路不宜太长，对游泳池等排水量特别大的场所应直接排至舷外。

（10）锚链舱的积水可用手摇泵或小型动力泵通过锚链筒排至舷外，舵机舱的舱底积水可用管路穿过机舱后壁排至轴隧或后污水井，但在机舱后舱壁处必须设置由延展性好的材料制成的自闭式截止阀，机舱平台通常也设置一定数量的排水口，直接排至舱底。

5.3.4 生活污水系统

生活污水系统的任务是将大、小便器内的污水排到舷外或污水收集柜。

1. 污水排放方式

1）按照载重水线划分的污水排放方式

①如果卫生洁具位于载重水线以上，则污水管路可做成具有一定斜度的自流式，将污水直接冲出舷外或排至污水收集柜，经处理后排至舷外。②如果卫生洁具位于重载水线以下，则可将污水排至污水收集柜，经处理后排至舷外。

根据最新的国际公约要求，不允许生活污水直接排放到舷外，必须经污水处理装置处理后，方能将合格的污水排至舷外，固体物送到焚烧炉焚烧。所以以上两种排放方式实际上只有一种。

2）按照冲洗原理划分的污水排放方式

生活污水系统按冲洗原理可分为重力式和真空式两种。

2. 重力式生活污水系统

根据排放物的重力将污水从便器排到污水柜的系统称为重力式生活污水系统。由于管路的敷设必须有一定的倾斜度，其要求与舱室疏排水系统的要求相同。重力式生活污水管管径的大小根据表5-9选取。

表5-9　重力式生活污水管管径

器具名称	大便器			小便器		壁式小便器	立式小便池
数量/只	1~3	4~9	10以上	1~3	4~10	1~3	—
总管通/mm	100	125	150	40	50	32	65

除了按表 5-9 选取管径外，重力式生活污水系统的管径选取及布置还应注意以下方面。

（1）生活污水干管连接的大便器数量不宜超过 9 只。

（2）生活污水垂向总管管径不小于水平向最大的干管管径。

（3）一般货船，因为配置的小便器数量很少，所以除了接支管到大便器的干管或总管外，小便器的数量并不影响生活污水总管直径的大小。

（4）通常在大便器数量较多的场合，集管和污水柜上需设置透气管。集管透气管的公称直径一般为 50 mm，污水柜的透气管为 50 ~ 80 mm。透气应引至空气流通良好的开敞甲板或烟囱的后壁，管端设有铜丝网。

（5）生活污水或经过处理后的排放水，排出舷外时应避免海水倒灌。舷旁出口应避开舷梯、救生艇等的收放区域，并位于载重水线以上约 300 mm。

（6）生活污水管路建议敷设在走廊天花板上，尽可能避免穿过餐厅、厨房、住室、冷藏库、粮库以及油舱、淡水舱和水密舱壁。各层甲板的厕所最好能上下对称，避免错位过大。

（7）生活污水管路不得与其他任何系统的管路相连接。

（8）生活污水管路的接管应正确布置，避免产生倒灌现象，图 5-12 为生活污水管正确接管布置示例。

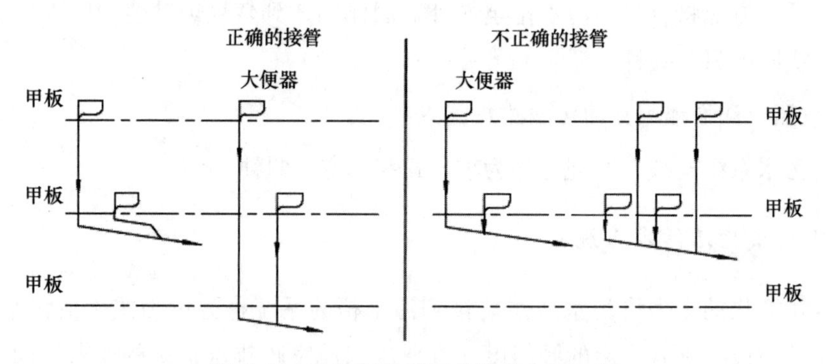

图 5-12　生活污水管正确接管布置示例

3. 真空式生活污水系统

真空式生活污水系统不同于传统的重力式生活污水系统，主要由真空式便具、真空装置［包括真空泵、粪便柜（污水收集柜）和密封水柜等］、压力开关、真空表、管路及附件组成。典型的系统原理见图 5-13。

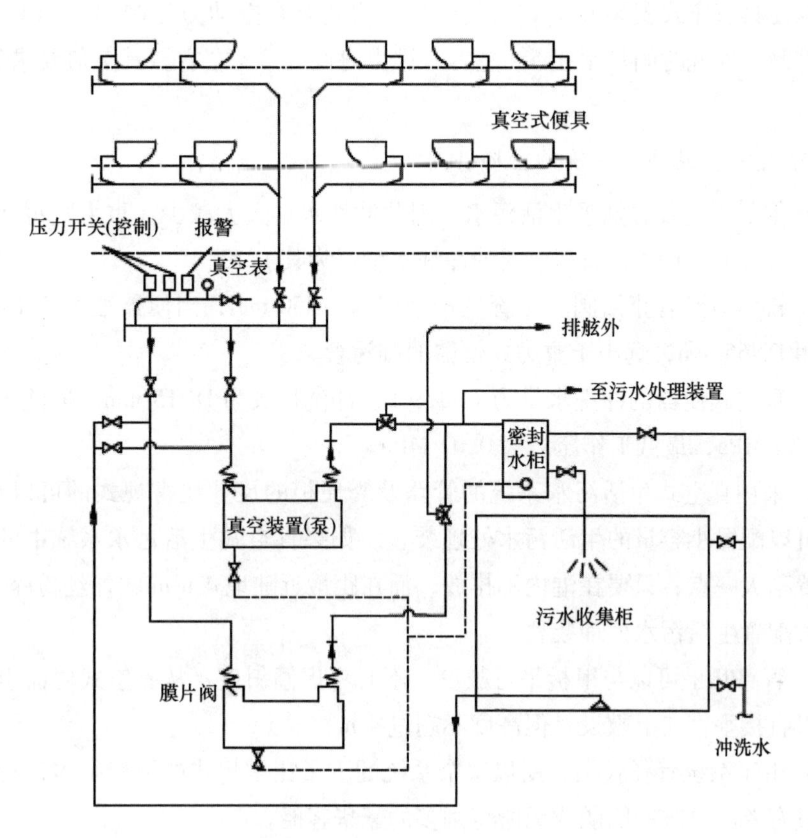

图 5-13　真空式生活污水系统

1）真空装置

真空装置主要由真空泵、粪便柜（污水收集柜）、密封水柜等组成。其作用如下：①保持管路一定的真空度，可通过压力开关来控制管路内的真空度，一般在35%真空度时启动真空泵（装置），在50%真空度时关闭真空泵（装置）；②粉碎污水中的固体物，真空泵（装置）的吸入口装有膜片阀（止回阀），泵轴及吸入腔体上装有粉碎用的刀片，起到粉碎作用；③排出污水，可以将便器中的污水排至粪便柜（污水收集柜）或舷外，或将污水柜内的污水排至舷外，如果设有污水处理装置的话，还可以排到污水处理装置；④密封水柜可以与真空装置组合一起，也可独立设置，其作用是使真空装置的密封性提高和冷却真空泵的轴承，密封水也可以来自海水、淡水系统。

2）真空便具

真空便具有座式安装和壁式安装两种。均装有真空动力控制器（VPC），可实现程序控制。冲洗时间控制在5 s左右，排出时间在2 s左右。真空值要求为500~700 kPa。

3）真空式生活污水系统的主要特点

（1）依靠真空装置抽吸生活污水，因此冲洗水量大大减少。重力式每冲洗一次大便器水量为12~19 L，而真空式的冲洗水量仅为其1/10。

（2）排污口配有止回阀。接管口径常用为DN50 mm，当便器数大于150只时，总管才用DN65 mm，远小于重力式便器的排污管。

（3）真空式便器的冲洗水量为1~1.9 L，冲洗接头为DN15 mm，冲洗水压力为0.25~0.35 MPa，最低工作压力为0.02 MPa。

（4）采用真空式生活污水系统的管路及粪便柜的尺寸比常规式的可以小得多，这样就可以配置小容量的生活污水处理装置。如果真空式生活污水系统中的粪便柜容量设置稍大一点，只要在港内不排放，而在距最近陆地4 n mile外经粉碎后排放，就可省去配置生活污水处理装置。

（5）管路几乎可以与甲板平行敷设，不必考虑倾斜度，从真空式便器引出的管路还可以直接垂直向上敷设，但高度不超过4 m。

（6）由于系统管径较细，所以整个系统的重量比常规式的要轻得多，特别适用于对重量有专门要求的船舶或厕所特别多的豪华客船。

（7）真空装置一般设有两套真空泵，相互备用。当真空值达到0.035 MPa时，泵启动，当真空值达到0.05 MPa时，泵自动停止，当真空值低至0.02 MPa时，发出报警。

（8）当采用粪便柜和设置专门的排出泵时，可配备两台粪便排出泵，并具有粉碎功能，相互备用。该泵常用开式叶轮离心泵。

4）真空式生活污水系统管路敷设注意事项

（1）管子允许向上行走，但总高度之和小于4 m（下降部分不得减去）。见图5-14（a）。

（2）二层甲板便具排出分总管位于同一层甲板下时，应分别敷设，然后在垂直总管处再汇总。任何便具的排出管与总管相连时均应高于总管，并呈45°。见图5-14（b）。

（3）对于水平布置的管路，为了减少在船舶横、纵倾时倒流的可能性，对于大型船舶每15 m，中型船舶每10 m设置存水弯头，要求见图5-14（c）。

（4）支管直径需增大时，一般不得在支管的上升部分增大，应在与总管连接处增大。见图5-14（d）。

（5）上升管尽可能为直管，与便器连接处管子应保持良好的对中。

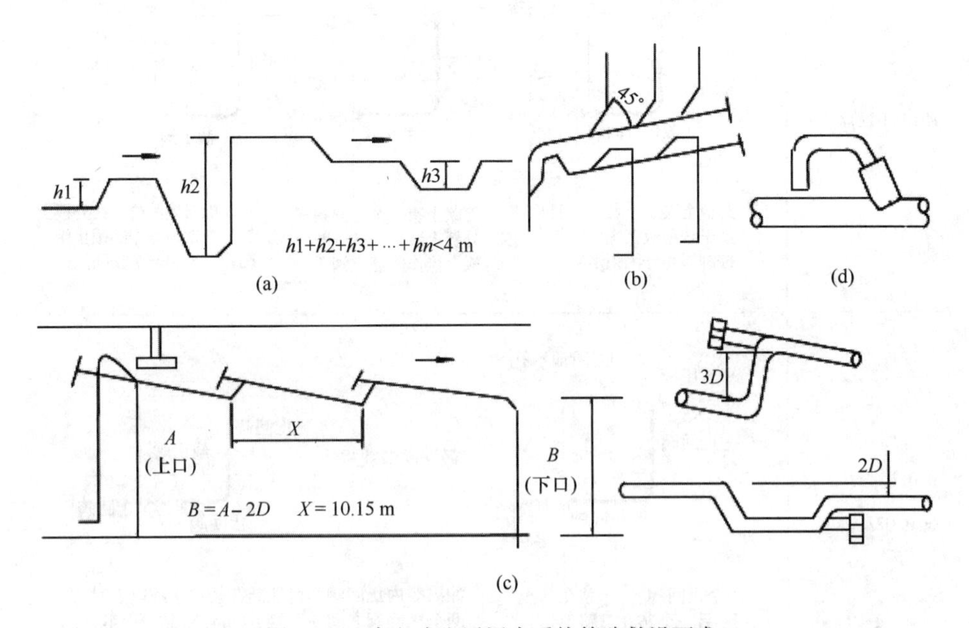

图5-14　真空式生活污水系统管路敷设要求

5.3.5　疏排水舷外排出管的要求

各国船级社对于干舷甲板以下处所或干舷甲板以上封闭的上层建筑、甲板室的疏排水舷外排出管的要求均有规定，但基本相同，中国船级社要求如下。

不论起源于任何水平面的疏排水管，它在干舷甲板以下大于450 mm处或在夏季载重水线以上小于600 mm处穿过船体外板，均应在船体外板处装设止回阀。但除表5-10中所要求者外，如果管子的壁厚符合表5-11要求者，则止回阀可以免设。

表 5-10　疏排水舷外排出管的要求

H 的位置	排 出 管 要 求
$H \leqslant 0.01L_{PP}$	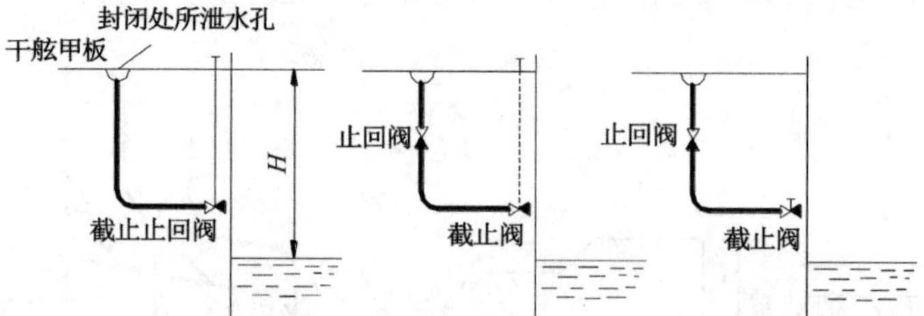 外板上装一个截止止回阀，从干舷甲板上操作并装有控制器和开闭指示器 或 管路上有一个止回阀和外板上装一个从干舷甲板上操作的截止阀 或 有人机器处所内，在外板上装一个就地操作的截止阀，在管路上装一个止回阀
$0.01L_{PP} < H \leqslant 0.02L_{PP}$	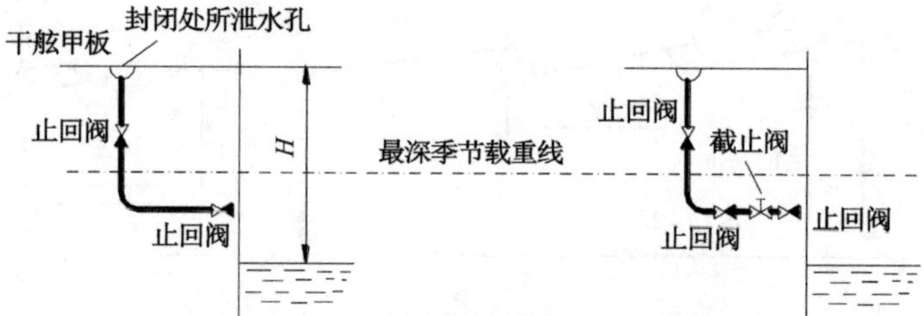 两个止回阀，一个装在外板上，另一个装在管路上，后者应在营运中易于接近 如果船内止回阀不可能装在规定水线以上时，在两个止回阀之间易于接近的地点，装一个截止阀和开、闭指示器，则船内阀可装在规定水线以下
$H > 0.02L_{PP}$	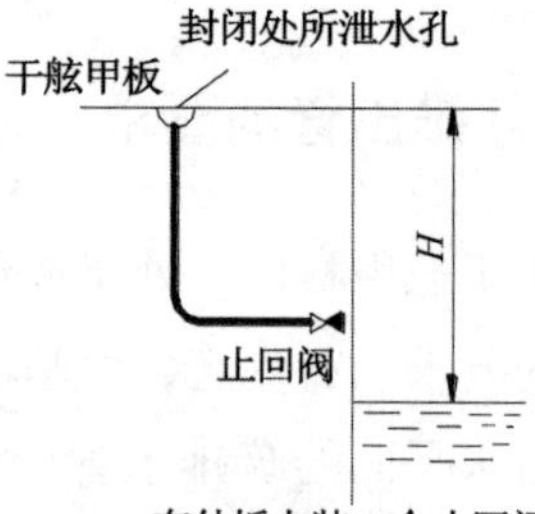 在外板上装一个止回阀

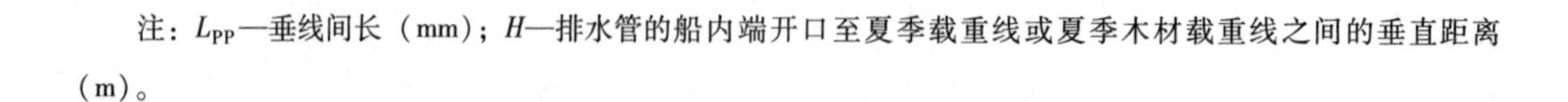

注：L_{PP}—垂线间长（mm）；H—排水管的船内端开口至夏季载重线或夏季木材载重线之间的垂直距离（m）。

表 5-11　免设止回阀的甲板舷侧排水管壁厚表　　单位：mm

管子外径	≤80	114，125	140	168，180	190	216	≥220
壁　厚	7.0	8.5	9.0	10.0	11.0	12.5	12.5

对于不需要特别加厚的疏排水舷外排出管，其壁厚应满足下列要求：①管子外径等于或小于 155 mm 时，其壁厚不小于 4. 5 mm；②管子外径等于或大于 230 mm 时，其壁厚不小于 6. 0 mm；③管子外径为上述的中间值时，壁厚按内插法计算。

装设在舷侧船体外板上的阀件材料必须用延展性好的材料制成，一般采用钢质，应有适当的防腐蚀保护措施，并经船级社认可。

5. 4　生活污水和垃圾处理

为防止海洋污染，海洋平台的生活污水必须遵循海洋环境法有关规定，不能直接排入大海。对此，国际海事组织（IMO）海上环境保护委员会（MEPC）对生活污水处理装置国际排出物有严格的要求，通过生活污水处理装置，进行净化处理，使处理后的排放水达到无色、无味、无害，满足国际排放标准；同样，海洋平台的工业垃圾和生活垃圾也需要排放和处理，也必须配备工业、生活垃圾的处理装置，不得排放或弃置大海，确保对海洋环境进行有效保护。

5. 4. 1　生活污水处理

1. 概述

海上采油平台群一般都具有至少一套工作人员生活支持系统，此系统以生活模块（living quarter）为具体形式得到体现。生活模块是平台工作职工饮食、休息和娱乐的场所，平台生活模块是生活污水的主要发生地，生活污水在生活模块之中主要有以下几个来源：①厕所排放水；②洗澡排放水；③洗漱排放水；④厨房排放水；⑤中央空调排放水。

以上 5 种排放水之中厕所排放水和中央空调排放水有可能是海水，因为海上平台的淡水储存和制造的能力都极为有限，海水是取之不尽的廉价资源，作为冲洗用水和冷却用水较为适合。洗澡、洗漱和厨房用水一般都是淡水。生活污水按海洋环境法规定不能直接排入大海，因此各平台都设有生活污水处理装置，生活污水在排放前进行净化处理，使处理后的排放水达到无色、无味、无害，满足国际排放标准，防止对沿海水域的污染。

2. 排放标准

平台的污水含有大量的有害物质，如不经过处理就直接排放入大海，将会对海洋生物及渔业等造成严重影响。海水的用途不同，对污水排放的要求也不同。按照海水的用途，可将海水分为3类，见表5-12。

表5-12　海水水质分类

分类	用　途
第一类	适用于保护海洋生物资源和人类的安全利用（包括盐场、食品加工、海水淡化、渔业和海水养殖用水）以及海上自然保护区
第二类	适用于海水浴场及风景游览区
第三类	适用于一般工业用水，港口水域及海洋开发作业区等

为了控制和防止海水污染，保障人体健康、保护海洋资源的合理开发，我国制定了《海水水质标准》（GB 3097—1997），表5-13仅列出其部分内容。

表5-13　海水水质标准

序号	项目	第一类	第二类	第三类
1	漂浮物质	海面不得出现油膜、浮沫和其他漂浮物质	海面无明显油膜、浮沫和其他漂浮物质	
2	色、臭、味	海水不得有异色、异臭、异味	海水不得有令人厌恶和感到不快的色、臭、味	
3	悬浮物质/（$mg \cdot L^{-1}$）	人为增加的量≤10	人为增加的量≤10	人为增加的量≤100
4	大肠菌群≤（个/L）	10 000 供人生食的贝类增养殖水质≤700		
5	粪大肠菌群≤（个/L）	2 000 供人生食的贝类增养殖水质≤140		
6	病原体	供人生食的贝类养殖水质不得含有病原体		

平台上生活污水主要来自生活模块区的厕所、地漏、洗澡、洗漱和厨房用水等。这些生活用水经过处理后应达到国际排放水标准才能排放入海。

国际排放水标准：悬浮固体：<50 mg/L，5天生化需氧量<50 mg/L，大肠菌群几何平均值<250个/100 mL，pH值：6~9。

3. 处理技术

1）生化法

（1）原理概述。利用污水中好氧细菌消解有机物的原理，进行污水净化，并加氯进行杀菌、消毒。污水首先进入装置曝气室，由空气压缩机提供的空气，通过空气扩散管均匀地分布在污水中。活性污泥吸收空气中的氧气，进行有机物的消解，产生的絮状物随同污水经过滤网一起进入沉淀室沉淀。澄清水经过加氯室进入消毒室杀菌，当液位达到高液位时，自动启动排放泵，将处理水排放入海，至低液位时，排放泵自动停止。沉淀的污泥和浮渣通过污泥返送管返回曝气室。由此反复进行，2~3 个月将沉淀污泥排放一次。

（2）处理流程简介。污水处理装置流程可参见图 5-15，该装置的特点是结构紧凑，全自动操作，耐腐蚀性能好，压缩机、排放泵、电控柜等均安装在一个橇底座上，不要求平台提供次氯酸钠和低压压缩空气，全部由设备自己供给。

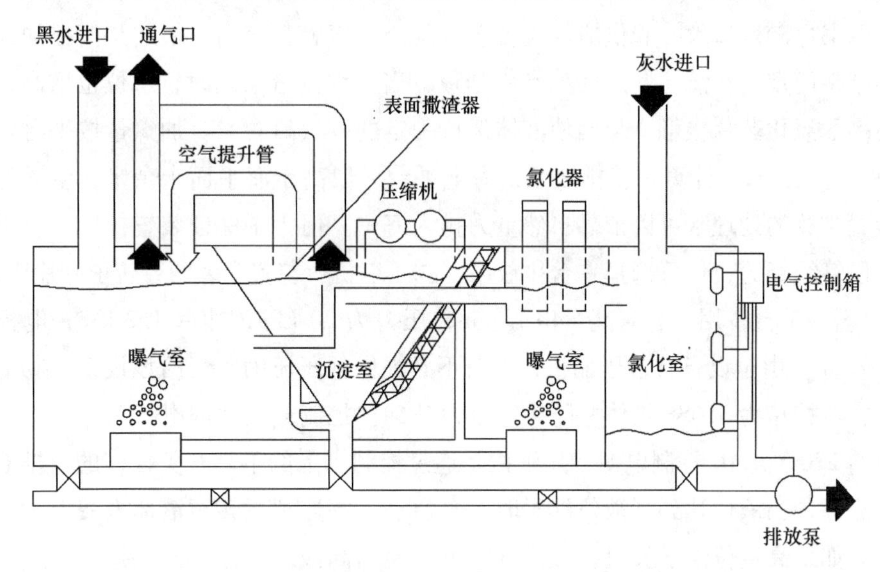

图 5-15　超三叉戟污水处理装置流程图

整个装置由曝气室、沉淀室、氯化器、加氯器、排放泵、空气压缩机、电气控制箱几部分组成。

流程为：生活污水→曝气室→沉淀室→氯化室→排放泵→排海。

①曝气室：生活污水首先进入该室，需氧细菌和微生物吸收污水中的氧气，将污水中的污染物质，主要有碳、氢、氮和硫变成二氧化碳、水和新的细菌群。二氧化碳通过逸气口排出，水和新的细菌群一起进入沉淀室。空气是由压缩机通过细扩散管进入污水的，细扩散管安装在箱体底部，可从侧面空口取出，以便清洗维修。空气不仅提供氧气给细菌，而且也把刚进入装置的污水和箱内的污水有效地混合起来，空气还用于活性污泥的返送及表面撇渣。②沉淀室：活性污泥在沉淀室内沉淀

下来，并通过空气提升管返回曝气室。可通过透明的尼龙管检查污泥返送的情况，沉淀室呈漏斗状可防止沉淀污泥的堆积，并且直接进入空气提升管的吸入口。液体通过滤网进入沉淀室澄清，澄清的液体进入氯化室，并至氯接触室。表面撇渣器将浮渣通过另一个空气提升管返送到曝气室，废污泥定期直接排入海中。③氯化器：所有经过曝气、沉淀的液体都经由两根氯药片的管子，并且吸收必需的氯量，以便流到下面的氯化室停留一段时间，进行杀菌、消毒。经过上述在曝气室内的生物化学反应、沉淀、加氯等处理后的处理水已无色、无毒、无味，并且水质指标达到国家环保规定的标准，通过排放泵排到海里。为保证处理水中氯离子残留量不大于1 mg/L，设备随机配备一套残余氯测试仪，处理过的污水可从取样旋塞处取得，测试说明书也随测试仪一起供应。设备上有两个加氯管，使用一根还是两根加氯管依试验结果而定。在氯化器的底部有一挡板，当污水流量增加时，水位也增高，流体和更多的氯化药片接触，从而使液体保持一定的有效氯含量。加氯量按平台常住人数每人每天约 2 g 计算。④排放泵：海上平台一般高于海平面十余米，生活污水处理装置排放的处理水可以依靠自然重力排入海中。但为了保证装置排出口至平台边缘这段管线畅通，仍可选择一台排放泵。⑤压缩机：装置安装两台转子叶片压缩机，1 台工作，1 台备用，容量为 440 L/min，压力为 20 kPa，功率 1.2 kW，电机转速 855 r/min。由于设备自带压缩机，平台不必提供低压压缩空气给该设备。⑥电气控制箱：电控箱为 316SS 箱体，防护等级为 IP54。控制箱向橇内电机及电磁式浮子开关供给 220 V，AC 控制电源，压缩机是通过控制箱上的手动开关操作的，排放泵为自动启停，当液位达到高液位浮子时，泵启动，并连续运转至液体低液位时，停止工作。如果高液位浮子失灵，液位继续上升至高高液位，浮子开关接通，远程控制盘报警，电控箱也可手动操作。

2）焚烧法

海上平台每天从卫生间、厨房、洗澡间、洗衣房排出的污水按环境海洋法规定不能直接排入大海，因此各平台都设有生活污水处理装置和焚烧装置，对这些污水通过化学和物理处理的方法处理再排入大海。

（1）生活污水处理装置的主要设备及功能。生活污水处理装置的主要设备包括机械分离器、搅拌罐、凝聚罐、污渣吹出罐、配电盘。

①机械分离器：它是一种倾斜的拱状滤网，滤网是由若干不锈钢丝组成的。它与液流垂直安装并留有非常小的间隙，滤网的背面用一块滑板制成，通过滑板滤网可以自净。可以使液体和小于 3 mm 左右颗粒通过，但当其他固体物质通过滤网时，固体物质被拦住，并聚集在一起，拱形滤网表面有 2 个喷头，在每次排放之后，喷

头会自动清洗网面。②搅拌罐：通过机械分离器后净化的废水流入搅拌罐，加入絮凝剂，该药剂将残留的悬浮颗粒结块，然后和某些不可溶解的盐分一起形成沉淀物，pH 值提高到 12，就可以消灭废水中的病原菌。③凝聚罐：它的用途是使废水量平衡，在絮凝体沉积前，使污渣罐中的微絮凝物凝聚成较大的凝聚体。④沉积罐：从凝聚罐排出的废水加入沉积罐，最重的絮凝体将很快沉积罐底，较大部分的微絮体将沉积在隔板上，并慢慢沿着隔板沉降到罐的底部。在沉积罐的上层，澄清的液体经过舱外泵排出去。⑤污渣泵：是将污渣从沉积罐打到输送装置。⑥输送装置：该装置接收机械分离器下来的一部分污渣，也接收污渣泵打来的污渣。⑦污渣吹出罐：从输送装置排出的污渣进入气动污渣吹出罐，压缩空气进入罐中，把出口处的污渣吹出。污渣吹出罐中排出的污渣送到污渣搅拌罐，污水渣和污油渣搅拌均匀。⑧计量泵的作用：混合水与絮凝剂，并搅拌均匀；防止絮凝剂在罐中沉积；计量搅拌罐中的絮凝剂。⑨絮凝剂储罐：储存絮凝剂的容器。⑩配电盘：起过载保护自动控制和电机启动的作用，在配电盘上显示高高液位、高液位、絮凝剂储罐低液位报警。

（2）焚烧装置的主要设备及功能。污渣油由焚烧处理装置处理，焚烧装置的主要设备有污渣搅拌罐、污渣燃烧泵、焚烧炉和污渣搅拌器。污水处理焚烧简化流程见图 5-16。①污渣搅拌罐：从污渣吹除罐排出的污渣进入容量为 1 000 L 的污渣搅拌罐中，再由搅拌器循环和破碎均匀，装在搅拌罐中的低液位开关是用于防止搅拌器空转的。②污渣燃烧泵：是一种回转容积泵，以 0.05 MPa 限定的排出压力连续输

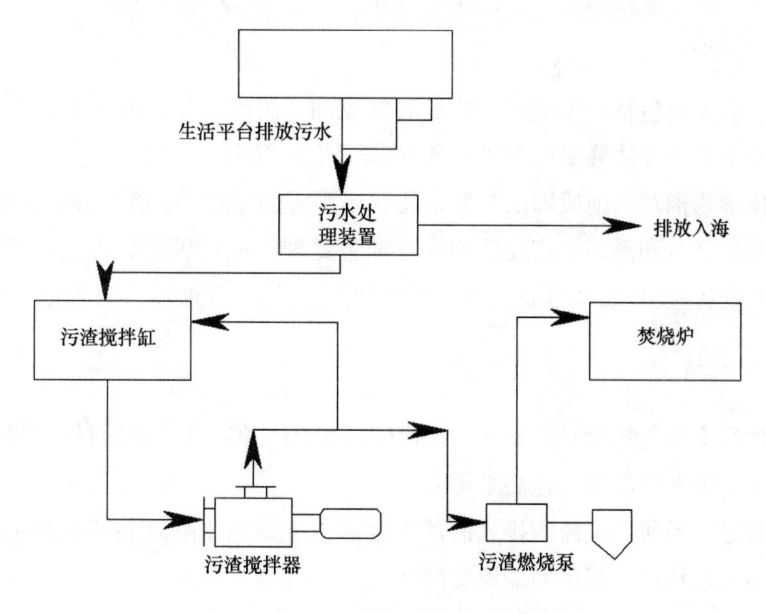

图 5-16　污水处理焚烧简化流程图

送污渣。③焚烧炉：炉体由卧式圆筒形结构的外部空气室和双套式内部耐火壁组成。该炉装有污渣燃烧器、引燃烧器、火焰观察孔、排灰门，下部有引燃烧泵。④由引燃烧泵送出的污渣在燃烧器喷出之前，焚烧炉的燃烧室加热，加热到正常温度(400℃以上)。由人工投入的固体废物也可以燃烧，接着，通风机把助燃空气吹入燃烧室，燃烧产生的废气排放到大气中。

（3）操作注意事项。①絮凝剂是一种强碱，对眼睛和皮肤有伤害，使用时要慎重。②在焚烧炉启动前必须将污渣燃烧泵的转子和定子间的壳体内注满水，在无水和排空时决不要使泵运转，即使最短的时间也不行。③引燃烧器在 7 s 内燃烧，如果 7 s 内没有燃烧就松开引燃烧器按钮，并按下复位开关，排除故障后重新启动。

5.4.2 垃圾处理

采油平台和浮式生产设备每天都有工业垃圾和生活垃圾需要排放和处理，因此必须配备工业、生活垃圾的处理装置。1993 年 12 月 29 日中华人民共和国制定了《海洋石油勘探开发环境保护管理条例》，条例规定：残油、废油、含油垃圾、有害的残渣等必须回收，不得排放或弃置大海。对零星的工业垃圾不得投弃于渔业水域或航道。采油平台应设置残油、废油的回收装置、垃圾粉碎装置，这些设施必须获得中华人民共和国检验合格证书。为此，采油平台应制定有关措施和管理规定，不断地加强对海洋环境的保护。

1. 工业垃圾

工业垃圾主要包括：①清罐、清舱时的废油、废渣；②过滤装置更换下来的滤料；③更换下来的无法修复的配件；④打扫卫生的锯末、油棉纱、含油垃圾、废油漆桶、废化学药桶及其他废旧的器皿，化验室弃置的废物等；⑤废弃的保温材料等。

目前采油平台和浮式生产设施均没有配备处理工业垃圾的装置，各平台和浮式生产设施均配备垃圾箱，定期随船将垃圾送回陆地后交有处理合格证的单位处理。

2. 生活垃圾

生活垃圾主要包括食堂、厕所、洗澡间排放的废物、打扫房间的垃圾、医务室药品包装盒、废弃食品盒、包装纸等。

除了食堂、厕所、洗澡间排入的污水废渣由生活污水处理装置处理掉外，其他的垃圾均随工业垃圾一起送回陆地处理。

3. 注意事项

（1）平台保管的工业、生活垃圾应加盖保管，以防废油、废物溢出污染海洋。

（2）夏季注意卫生，以防滋生蚊蝇，危害人体健康。

（3）在垃圾运输中，按有关部门的有关安全规定处理。

（4）垃圾必须送交有处理工业垃圾合格证的单位。

思考题

1. 简述压载系统的工作过程。
2. 简述压载管系布置安装要求。
3. 简述舱底泵的型式和排量要求。
4. 简述甲板排水口布置要点。
5. 简述生活污水的生化法处理原理。

第6章 安全与消防

教学目标

1. 了解海洋平台火灾分类与危险区划分。
2. 熟悉主要消防系统工作原理。
3. 掌握消防系统的管网与主要设备附件配置要求。
4. 重点掌握压水消防系统流量与水压的计算。

海上油气生产平台存在可燃气体泄漏和积聚的可能，电器设备可能发生故障或绝缘损坏，整座平台处于潜在火灾危险环境中，平台根据不同的实际情况配置了安全探测系统，主要有可燃气体探测系统、火灾探测系统和硫化氢探测系统等。根据平台上设备布置的情况，将平台划分为不同的火区，作为火灾探测/消防的依据，通过规划逃生路线，在危险发生时，操作人员能够迅速到达平台较安全一侧，登上救生艇逃生。通过消防系统，扑灭海洋平台上发生的火灾，减少或避免在生产作业、检修过程中，可能出现的人员伤亡和环境污染，有效保护整个平台的生命财产。本章着重介绍海洋平台安全区划分与消防系统种类，阐述消防系统的工作原理及系统管路安装技术要求。

6.1 海洋平台安全区划分

为了保障平台生产和操作人员的安全，海洋平台在设计与设备布置时，必须充分考虑安全问题，如风向、介质和容器设备的危险性因素，采用防火墙将不同性质和功能的设备分开。

6.1.1 火区划分

按照平台各部分不同功能及设备布置情况划分不同的火区，主要考虑以下几点因素：①介质种类；②设备的布置和间距；③防火分隔；④隔板和排放管系；⑤探测与消防联系；⑥同类探测器的布置数量；⑦对探测器的故障易于发现、测试和维修；⑧易于布置通风系统；⑨最大火区的消防水量在合理的消防泵选择范围内。

火区划分是平台探测及消防设计的基础。在这个基础上，考虑平台井口区、油气生产工艺区、公用区、生活区等各部分危险性的程度，在平台层位及平面布局安排设计时，将平台分为几大类火区，以实现对危险状况的监测与控制。危险性的程度不同，其监测及控制方式也有所不同。表6-1是火灾分类举例。

表6-1 火灾分类举例

火灾种类	特征类别	举 例
A类固体火灾		木材、棉、毛、麻及纸张等
B类液体火灾	亲水性极性溶剂B类火灾	甲醇、乙醚和丙酮等
	疏水性非极性油田B类火灾	汽油、煤油和柴油等
C类气体火灾	甲类气体火灾	甲烷、乙炔、氢气、天然气、液化石油气、水煤气及集炉煤气等
	乙类气体火灾	发生炉煤气和鼓风炉煤气等
D类金属火灾		锂、钠、钛、镁及铝镁合金等
E类带电火灾	带电A类火灾	计算机、复印机、电传机、配电盘等电器（含家用电器）设备、仪表及其电线电缆和元器件
	带电B类火灾	油浸变压器等

6.1.2 危险区划分

一般根据各个区域处理、储存烃类物质设施的数量和类型、建筑物状况和空间及通风条件来划分危险区。据中国船级社《海上移动平台入级规范》（2012）及2013修改通报及国家经济贸易委员会《海上固定平台安全规则》（2000）的危险区分类，平台危险区分为以下3类。

（1）0类危险区：在正常操作条件下，连续地出现达到引燃或爆炸浓度的可燃性气体或蒸汽的区域。

（2）1类危险区：在正常操作条件下，断续地或周期性地出现达到引燃或爆炸浓度的可燃性气体或蒸汽区域。

（3）2类危险区：在正常操作条件下，不大可能出现达到引燃或爆炸浓度的可燃性气体或蒸汽，但在不正常操作条件下，有可能出现达到引燃或爆炸浓度的可燃性气体或蒸汽的区域。

每个油气生产平台都有危险区划分图，该划分图是经由第三方发证检验机构（具有权威性的船级社）批准的，具有准法律性质，不可随意更改和变动。

6.2 消防系统的种类

海洋平台的消防系统是平台安全的重要组成部分，由于平台间空间狭小，设备布置密集，事故往往出现叠加造成更大的损失。因此，根据不同的火源、着火的性质和地点，需要采用不同的消防系统，海洋平台主要灭火系统包括水灭火系统、二氧化碳灭火系统、泡沫灭火系统、卤化物灭火系统、干粉灭火系统和水雾灭火系统等。但不论采用何种系统，通常其都要求反应迅速，同报警、关断等系统联动。

6.2.1 水灭火系统

水灭火的原理是降低燃烧的3个要素之一的燃烧温度。水与燃烧物接触时，蒸发成蒸汽，从而吸收大量的热量，使燃烧物温度降低以至熄灭。同时，水蒸气也有隔绝氧气的作用。压力大的水柱不仅能冷却燃烧物的外部，而且能穿透它，使之不会发生再燃烧的现象。

水灭火系统用来扑灭机舱、干货舱、居住舱室和公共舱室内的火灾；扑灭甲板、平台、上层建筑等露天部分的火灾和扑灭其他船和码头建筑物的火灾。但水灭火系统不能扑灭油类的燃烧，因为油比水轻，油会在水的自由液面上蔓延，随着水的流动使火势扩大。正在工作的电器设备舱室的灭火，也不宜用水，因为水能导电，可能导致短路。水灭火系统也可以用于冲洗甲板、舱室和洒水降温。

6.2.2 二氧化碳灭火系统

二氧化碳灭火的原理是在封闭的舱室内，比空气重的二氧化碳气体包围着燃烧物，使其周围形成不能维持燃烧的气层，燃烧物在空气供应不足的情况下，自行熄灭。

二氧化碳灭火系统主要用于干货舱、燃油柜、货油舱、柴油机的扫气箱和消声器等处的灭火。

二氧化碳灭火系统的主要优点是不仅能扑灭一般火灾，而且能扑灭油类和电器设备的火灾；同时对设备无损害，但是二氧化碳对人有致命的危险（若舱室中含有6%~8%二氧化碳气体的成分，人在舱内停留 30 min 以上者就有中毒的可能），因此在使用时要特别小心。

6.2.3 泡沫灭火系统

泡沫灭火的原理就是在燃烧物上覆盖一层一定厚度的二氧化碳泡沫，使燃烧物与空气中的氧隔离而扑灭火灾。

泡沫灭火系统按取得的方法和它的成分，可分为化学和空气-机械两种。

化学方法得到的泡沫是酸和碱反应的产物：$2HCl+Na_2O_3 \rightarrow NaCl+H_2O+CO_2\uparrow$，在此种泡沫的空泡中藏有二氧化碳气体。

化学泡沫灭火系统是在泡沫灭火站内，利用高压水经过泡沫发生器或泡沫容器，将酸和碱（均用粉末）反应后的泡沫通过管路送到发生火灾的舱室去灭火。

空气-机械泡沫灭火系统，不需要专门的泡沫灭火站和泡沫发生器，泡沫就在管路末端的空气-泡沫喷头中产生，管路所输送的是水与泡沫形成的混合物。用空气-机械式形成的泡沫，耐久性比化学的泡沫差，用它作覆盖物的泡沫层要厚一些，通常比化学泡沫厚 1 倍左右。

泡沫灭火系统主要用于扑灭运油船、驳油船和干货船的油类火灾。

6.2.4 卤化物灭火系统

卤化物灭火剂是一种对可燃气体和电气非常有效的灭火物体。这种灭火剂的分子中，含有一个或多个卤族元素的原子，如氟、氯和溴等。它能与燃烧产生的活性氢基结合，使燃烧的连锁反应停止，所生成的化合物中，由于卤族元素的存在，增加了化合物的惰性、稳定性、不燃性，所以成为有效的灭火剂。例如，易燃气体甲烷（CH_4）和乙烷（CH_3）等氢化合物中的氢原子，若被卤族元素原子取代后而生成的化合物，其物理化学性质都发生了显著的变化，如四氟化碳（CF_4）是一种惰性、不燃和低毒气体；而四氯化碳（CCl_4）是一种不可燃、易挥发的液体，具有很大的毒性。船舶灭火用的卤化物灭火剂可以采用二氟一氯一溴甲烷（1211）或三氟一溴甲烷（1301）。

卤化物灭火剂的特点是高效、腐蚀性小、储存压力低、时间长、绝缘性能良好、使用安全方便和灭火后不留痕迹，它对货物和机械设备无损失。但四氯化碳（CCl_4）具有较大的毒性。故尽管其灭火性能很好，在民船上几乎没有应用，仅用于军船的灭火系统。

6.2.5 干粉灭火系统

干粉灭火剂是一种粉状混合物的灭火剂，它的主要基料是碳酸氢钠、碳酸氢钾、氯化钾、尿素-碳酸氢钾和磷酸-铵，再加入各种添加剂。干粉储存在50℃以下是稳定的，可允许短时间内达到66℃。注意不要把不同的干粉混合，以防止产生危险的化学反应。使用时将粉末喷洒到着火处即可。

干粉灭火是以下几个作用的综合结果。

（1）窒息作用：干粉中的碳酸氢钠被火加热后释放 CO_2 起窒息作用，同时干粉分解的磷酸-铵在燃烧物表面留下黏附的残留物（偏磷酸）亦将燃烧物与氧气隔绝。

（2）冷却作用：干粉受热分解需吸热，从而起到冷却作用。

（3）辐射的遮隔作用：干粉云雾把燃料与火焰辐射的热量遮隔。试验证明这种遮隔作用相当重要。

（4）连续中断反应：燃烧区中游离基团之间的相互反应是维护燃烧的必要因素，而干粉的撒入可中断这些反应。研究揭示这种作用是干粉灭火的主要原因。

干粉主要用于扑灭易燃液体表面火灾。干粉不导电，所以也适于扑灭电气设备火灾。即可用于液化气船的货物区域和带燃料库的直升飞机平台的灭火。

6.2.6 水雾灭火系统

水雾灭火系统中的水雾是以专用的喷嘴将水喷成预定形状和颗粒大小、预定速度和密度的水雾。自动喷水系统与水雾系统的原理是相同的，但喷头不同。

水雾的灭火是由以下几个作用综合而成的。

（1）冷却作用：水雾的蒸发，吸去大量热量，使燃烧物迅速降温。水滴颗粒越小则越能迅速蒸发，灭火效果越好。但水滴也必须克服空气阻力和一切气流，到达燃烧点。所以水滴也不能太小，直径在0.3~1 mm较适宜。太大的水滴会使燃烧液体飞溅，增加燃烧危险，而且易下沉到液面以下使冷却作用不大。

（2）窒息作用：利用水蒸气在燃烧液面上全部覆盖以隔绝空气的补充。

（3）乳化作用：水对某些液体有乳化作用，某些化学品要求用水雾灭火。

（4）稀释作用：对某些燃烧液体可进行稀释而灭火。

水雾除了起到灭火作用外，还能起到燃烧控制和保护的作用。如材料的燃烧不易被水雾扑灭，如闪点低于水雾温度的液体，可用水雾控制燃烧，限制火势蔓延；水雾或喷淋形成的水幕在火灾现场可保护暴露在火焰前的物体，如未燃之部分舱室。可以保护消防船自身和避免救火员受辐射热的灼伤。

6.3 水灭火系统

海洋平台消防系统是一个特殊的系统，国际公约、国家法规和有关的行业标准，都有非常详细的严格要求，在所有消防系统中，水消防系统的应用最为广泛。特别是，为了确保水消防系统关键时刻发挥作用，如胜利作业五号平台、海洋石油 281 平台等，其水消防系统都是闭环形式设计，即使某一段管路破损，通过隔离阀关闭，仍可有效保障消防水的压力建立与持续供应。

6.3.1 自动水喷淋灭火系统的组成

自动水喷淋灭火系统是一种灭火效果良好的固定灭火设备，广泛运用于各类建筑、厂矿等区域，在国外已得到普遍的应用，如在美国使用率达 96.2%，澳大利亚达 99.8 %，因此，该系统在海洋平台也得到普遍使用。

图 6-1 是自动喷水灭火系统分类图，分为开式和闭式两种系统，其中雨淋系统最为常用。

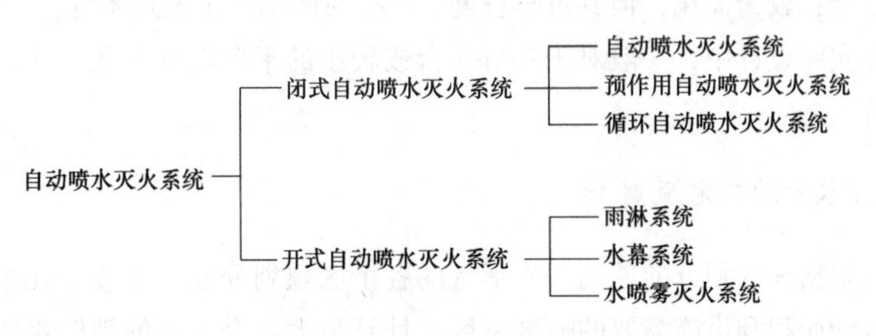

图 6-1 自动喷水灭火系统分类图

图 6-2 是消防水系统典型流程图，典型的雨淋系统通常包括消防泵、消防环形管网、雨淋阀及喷头。

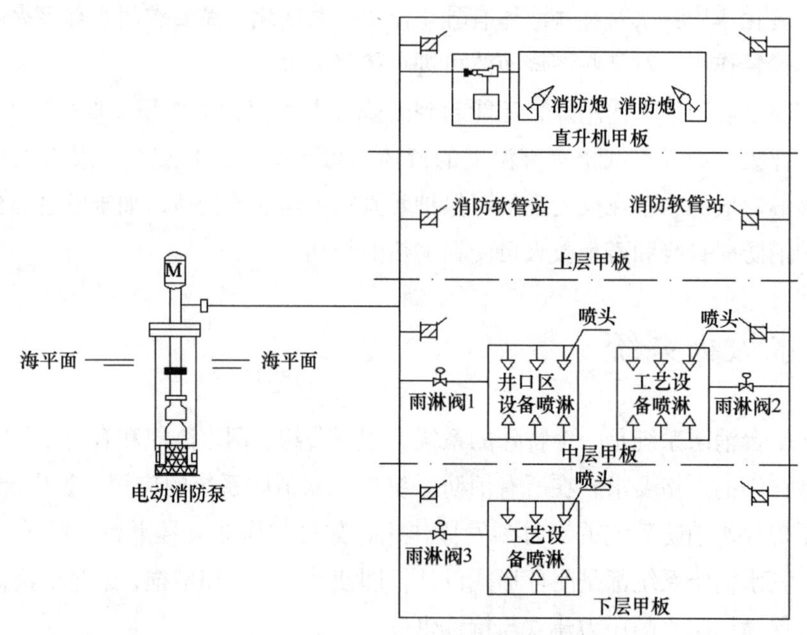

图 6-2　消防水系统典型流程图

6.3.2　消防水量和消防水压的计算

目前，海洋平台上通常使用的消防系统可分为湿式系统和干式系统。

湿式系统：其消防主管网的压力保持在操作压力上，通过一台小流量的补给泵，维持系统管网压力。根据设计的情况，可使用海水，也可使用淡水来维持管网压力。

干式系统：较为简化，但其可靠程度、反应时间均低于湿式系统。

因此在实际设计中，一般对于井口平台或较小的平台以及人数不多的平台等采用干式系统。

1. 消防水量的确定原则

首先应根据火区划分的原则，将平台的各个区域划分成几个或十几个火区，然后根据火区的面积和设施需要的喷淋密度，计算最大一个火区的消防水用量。这里有两个参数，即面积和喷淋密度，下面分别介绍确定的原则。

1）水消防的保护面积

准确的面积应该是指雨淋系统要保护的面积大小。但是由于在不同阶段准确度的不同，其计算的方法也不同。

在可行性研究和方案研究阶段，考虑到设备的尺寸和布置的不确定性，一般不以设备的尺寸或投影面积来计算，而是按火区的面积参照设备布置的密集程度来计算。应注意这种计算方法通常水量较大，需要设计人员根据实际情况进行调整。

在基本设计阶段，设备的布置已基本确定，因此，通常以设备的投影面积加上一定的系数，或按设备的冷却表面积来计算，系数根据不同的设备有所不同，一般为1.0~1.3。也有的项目根据具体可能的喷头布置情况及数量进行计算。

在详细设计阶段，由于设备的尺寸大小和平面位置已确定，因此，此时的面积应在基本设计的基础上，根据喷头的数量和实际布置情况来计算；或根据设备的冷却表面积计算后，再根据喷头的实际数量和布置情况来进行核算。

2）喷淋密度

喷淋密度是最重要的设计参数之一，对于不同的规范，要求也不完全相同。

按照美国消防协会的要求，油气设施的消防冷却密度为10.2~20.4 L/（m^2·min）。

在实际使用中，根据不同的阶段，设计取值的方式也有所不同，在方案论证阶段，由于是进行的区域面积计算，通常取10.2~12.2 L/（m^2·min）为设计密度。根据实际的设备布置密度，乘以系数0.8~1.2。

在基本设计和详细设计中，通常根据所保护的设备种类使用不同的水喷淋密度。

例如，在增压设备中，如压缩机和泵等，通常使用的密度为20.4 L/(m^3·min)。而容器类设备通常采用的密度为10.2 L/(m^2·min)。对于支撑构件或其他结构通常根据其特点使用相关的密度。

这里要说明的是，不同的规范和标准采用的喷淋密度有所不同，设计者应充分考虑被保护设备的特性和位置而确定采用的密度。

3）消防水量的确定

在确定了保护面积和喷淋密度后，接下来就可以计算消防水的用量了。在确定消防水量的同时，必须考虑以下几个因素：①不同区域不同时发生火灾；②消防水量在计算喷淋量的同时，加上两只消防水枪的用量；③在计算水量时，应充分考虑各个规范出现的差异；④除设备的保护外，钢结构、管线等的水喷淋保护同样也应算进总的消防水量中；⑤不同的火区消防水量不同，在确定最终的消防水量时，取火区中消防水量最大的区域的消防水作为全平台的设计消防水量；⑥在计算消防水量的同时，还要考虑平台的应急发电机是否在合理的范围内。

消防水的计算公式为

$$Q_{总}=KAD+2Q_{水枪}$$

式中，$Q_{总}$ 为平台总消防用水量，m^3/s；K 为水量修正系数；A 为一个防火区内的消防冷却总面积，m^2；D 为消防密度，m^3/m^2；$Q_{水枪}$为消防水枪的流量，m^3/s。

2. 消防水压的确定原则

消防水的压力确定与使用的消防方式有密切关系，对于不同的消防方式，使用的水压也有所不同。

设计时应遵从以下基本原则：①对于泡沫系统，其操作压力为最不利点，不得低于 700 kPa，如设有飞机坪，则飞机坪上的消防炮最低操作压力为 700 kPa；②对于雨淋系统，其操作压力为最不利点，不得低于 350 kPa；③对于消防水枪，其直流水枪最低操作压力为 350 kPa，若为复合型水枪最低操作压力为 530 kPa，对于具体的水枪操作压力的核算，应根据所选用的水枪种类和具体要求进行；④为便于一个人员操作，对于消防水枪，其操作静压力建议不宜高过 800 kPa。

典型消防水压计算示意图见图 6-3，消防水压的计算公式为

$$H_{总}=H_1+H_2+70+F_{总}\ (\mathrm{m})$$

式中，$H_{总}$ 为消防泵总扬程，m；$F_{总}$ 为沿程总摩阻，m。

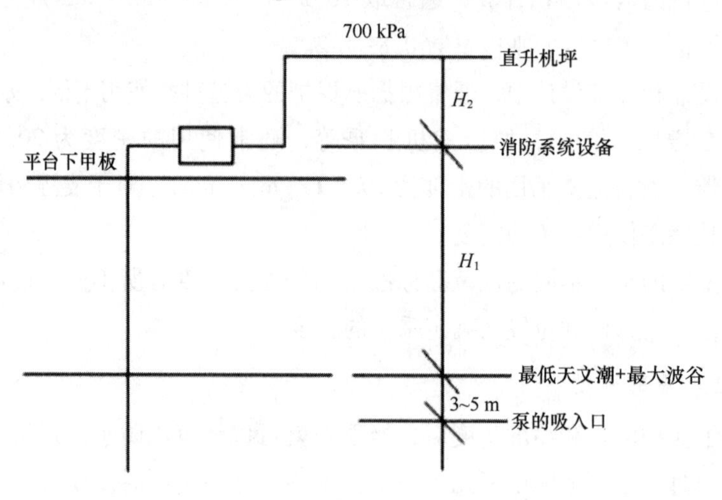

图 6-3　典型消防水压计算示意图

6.3.3　消防水泵

考虑到海上平台的地理位置和特殊性，消防泵是消防系统最基本、最主要的设施之一。

1. 消防泵性能基本要求

消防泵性能基本要求包括：①平台至少需配备两台由不同动力源驱动的消防泵。②每种动力源驱动的单台消防泵应满足任何一个火区一次火灾所需要的消防水量。③对于立式泵，关断或冲击压力不能超过泵的额定压力的140%，对于卧式泵，不能超过泵额定压力的120%。④在总压头不低于额定压力65%的情况下，水泵应能够至少提供额定排量的150%。⑤泵通常使用立轴涡轮泵或离心式潜水泵，使用何种消防泵应根据排量、振动噪声及维修等多种因素综合考虑。⑥考虑到其使用环境，暴露于海水中的消防泵和所有附件都应采用抗海水腐蚀的材料。⑦消防泵可能需要考虑有关附件，即安装安全阀、测试管线（或测试软管）、自动放气阀及循环泄放阀。

有关消防泵的附件应按照《固定消防泵安装标准》（NFP A20—2013）的有关要求配备。

2. 消防水泵的位置要求

消防水泵的安装位置要符合如下要求：①消防水泵应安装在受火灾损坏可能性最小的地方，应尽可能远离外部的燃料源和点火源，两台消防泵应尽可能分层布置或分开布置；②在实际安装时，应尽可能布置在能够被平台结构保护的位置，以减少被海船等损伤的可能性；③泵的驱动控制装置应考虑至少从两个方向易于靠近，而且应尽量靠近楼梯通道，以便能从其他层位到达；④为便于维修，消防泵应放置在平台提升设备附近或提供其他的提升措施，留有提升空间以便将其吊起维修；⑤对于寒冷地区要考虑可能出现结冰的温度，在此温度下，消防泵的运转不应受到影响；⑥消防泵应尽可能放置在非危险区内，并尽可能远离井口区和工艺区。

3. 消防水泵的安装要求

消防水泵的安装需符合如下要求：①海水提升管柱应采用抗海水腐蚀的材料制成；②为避免波浪力作用和机械损伤，海水提升管柱应放入一个钢管保护套管中内，保护套管必须牢固地固定在平台上，以减小波浪力作用的损害；③在海生物生长可能会妨碍海水入口的地方，应考虑使用防海生物涂料或其他控制措施；在实际设计中，通常使用注入次氯酸钠溶液或电解重金属方式；④消防泵吸入口的位置应确保任何时候消防泵吸入口均不得暴露在空气中。

4. 消防水泵的轴功率计算

消防水泵的轴功率计算公式为

$$P_a = HQ\rho/102\eta$$

式中，P_a 为泵的轴功率，kW；H 为泵的额定扬程，m；Q 为泵的额定流量，m^3/h；P 为介质密度，kg/m^3；η 为泵额定工况下的效率（一般取 0.7~0.8）。

6.3.4 消防主管网及其他部分的设计要求

消防主管网主要是指消防泵后到雨淋阀前以及到达各个软管站的这部分管网，它是完成消防任务的必要途径，考虑到海上油气生产平台的特殊性，设计者应给予高度重视。

1. 管网设计一般要求

（1）通常消防主管网应设计成环形，确保消防水可同时从两个方向向同一个消防区域供水。

（2）消防主管网的设计应主要考虑泵的输出及其安全因素、消防软管的直径和长度、雨淋/水喷淋系统的需求、海生物或腐蚀产生后对流速的限制以及水枪和水龙带喷嘴的压力要求。

（3）消防管网应用阀门分成若干独立段，当某段损坏时，停止使用的软管站不应超过 5 个；阀门应为锁开状态，并有明显的开闭标志。

（4）消防主管道内的水流速度不宜大于 3.0 m/s。

（5）消防主管不得有与消防无关的管线连接。

（6）在寒冷地区，如渤海海域，应考虑管线保温和伴热。

（7）管材阀门的选择和正确安装对消防系统来说是非常重要的，应考虑的因素包括抗腐蚀性、耐火性、使用寿命、施工难易、与系统中其他部件的兼容性以及价格等。

2. 消火栓

消火栓由截止阀、内扣式接头和保护盖组成。消火栓的规格有 DN40 mm、DN50 mm、DN65 mm 3 种。一般居住舱室为 DN40 mm 和 DN50 mm，外部空间或机舱处所为 DN50 mm 和 DN65 mm。

消火栓的数量和位置，应保证至少能将两股不是由同一只消火栓射出的水柱

(其中有 1 股仅使用一根消防水带）射至人员经常到达的任何部分或装货处所。特种处所每股都只能用一根水带就能达到。

3. 消防水带和水枪

消防水带应由不易腐烂的材料组成，一般为帆布，并具有足够的长度射出一股水柱至可能需要使用的任一处所。但最大长度应取得相关船级社的同意。例如，中国船级社（CCS）没有规定具体的长度，而美国船级社（ABS）要求≤23 m，英国劳氏船级社（LR）、挪威船级社（DNV）要求≤18 m，德国劳氏船级社（GL）要求≤20 m，但机器处所和锅炉舱应≤15 m。

每根水带应配有一支水枪和必要的接头，并一起放于消火栓附近的水龙带箱内。对于客船，每只消火栓应至少备有一根消防水带。

所有的水枪应为认可的设有关闭装置的两用型水枪（水雾和水柱）。标准水枪的口径为 12 mm、16 mm 和 19 mm 或尽可能与之相接近。水枪、水带和消火栓的配合要求见表 6-2。水枪的射程达 12 m 时，对应的各种口径水枪前端压力见表 6-3。

表 6-2　水枪、水带和消火栓的配合　　单位：mm

消火栓口径/水带直径	40	50		65	
水枪口径	12	12	16	16	19

表 6-3　各种口径水枪前端压力

水枪口径 d/mm	19	16	12
水枪前端的压力 P/kPa	108	118	127

4. 国际通岸接头

任何远洋船舶均应备有国际通岸接头，并能用于船舶的任何一舷。国际通岸接头一端为符合图 6-4 所示的平面法兰，另一端为配合船上消火栓和消防水带的接口，并能承受 1.0 MPa 的工作压力。除了通岸接头外，船上应将能承受 1.0 MPa 压力的任何材料（除石棉外）的垫片一只以及长度为 50 mm、直径为 16 mm 的螺栓、螺母各 4 只和垫圈 8 只与接头放在一起。

5. 雨淋阀的设计要求

雨淋阀是根据不同的火灾区域，启动该区域的消防喷淋系统的关键部件。它必

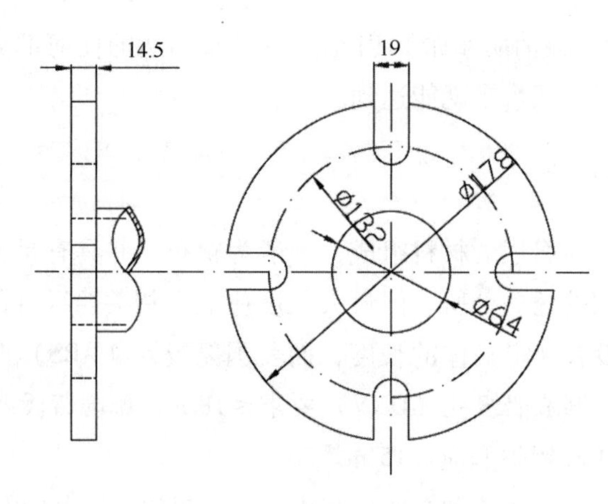

图 6-4　国际通岸接头

须满足以下要求：①能够自动、手动启动，同时还能够通过旁通管线的方式直接喷淋该区域；②雨淋阀开启后，应有压力等信号反馈到中控室；③雨淋阀应有测试出口；④雨淋阀若需要应有同易熔塞回路的连接口；⑤雨淋阀为全流通阀门；⑥雨淋阀应设置在被保护区以外，以免因该火区着火影响其工作；⑦雨淋阀应为耐腐蚀材料。

6. 喷淋管线及喷头

喷淋管线是指雨淋阀后的管线，对于雨淋系统而言，该管线加上喷头组成了对保护区的实际喷淋系统。该部分的设计要求如下：①管线的材质选择应考虑耐腐蚀及使用年限的因素；②该管线的设计应确保各个喷头的水量均匀喷洒；③在寒冷地区，应确保在喷射之后，该管线内不会出现集水的现象，所有地点的水均可排空；④喷头的布置应特别注意水量的重叠和遮挡。

6.4　二氧化碳灭火系统

常温下二氧化碳是无色气体，其密度是空气的 1.5 倍，所以能下沉覆盖在燃烧物的表面，隔绝火焰和空气。由于隔绝空气的时间较短，所以只能扑灭表面的火焰，二氧化碳须配以水灭火以彻底扑灭火灾。同时它也有一定的冷却作用，特别适用于可燃性液体引起的火灾。

二氧化碳灭火系统广泛使用在各类船舶的机舱、锅炉舱、货舱、货油泵舱等处。在发生火灾的舱室里，若喷进舱室容积 28.5%的二氧化碳气体，舱室中的氧气能立即减少到15%以下，从而有效地控制火势。

6.4.1 二氧化碳灭火系统原理

图6-5为典型的二氧化碳灭火系统原理图。本系统在二氧化碳室和消防控制站内各设置一只主控制箱，用于机舱失火时遥控操作，每只主控制箱均设有驱动气瓶、施放报警装置和两路控制阀，其中一路控制阀用于将二氧化碳从气瓶中施放，另一路控制阀用于打开二氧化碳施放至机舱的管路上的阀门。

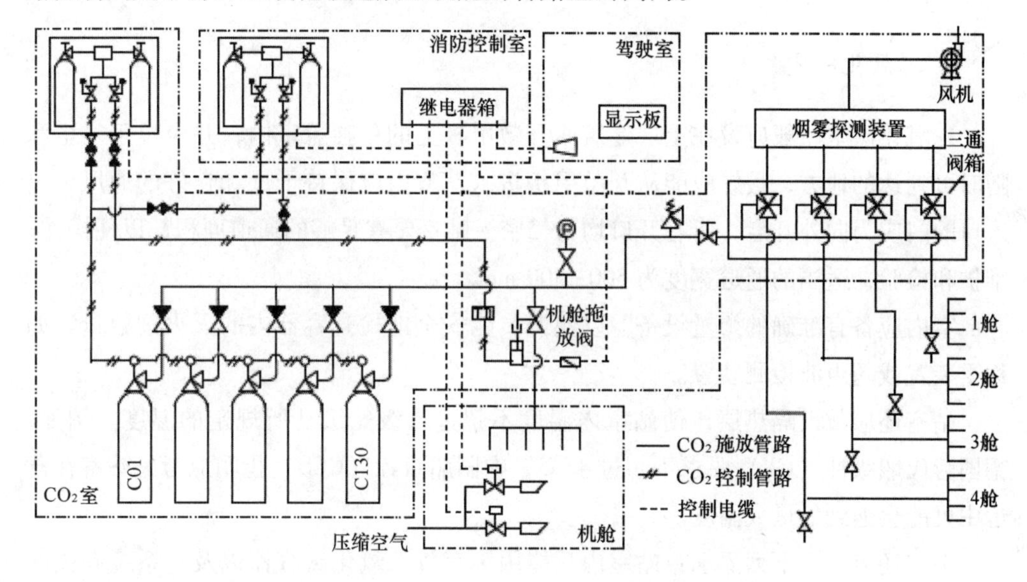

图6-5 二氧化碳灭火系统原理图

二氧化碳灭火系统的工作原理是当机舱失火时，可以在二氧化碳室或消防控制站内打开主控制箱的门，此时施放报警装置立即通过继电器箱使机舱内的声光报警发出报警，通知人员撤离。同时机舱风机关闭，必要时应通过设于消防控制室内的控制阀箱将所有燃油舱柜的出油阀关闭。在确认失火区域内所有人员均撤出后，关闭所有的透气口、机舱门和舱盖。然后依次打开主控箱内控制阀和驱动气瓶瓶头阀，确认驱动气体的压力为2.0 MPa，驱动气体通过控制管路去打开至机舱施放管路上的气动阀和二氧化碳气瓶上的瓶头阀，二氧化碳瓶内的气体就经过高压软管和竖形止回阀进入总管内，使规定容量的二氧化碳气体喷入指定地点，达到灭火的目的。在至气动阀的控制管路上还设有一只时间延迟继电器，其作用是保证机舱内的人员有一定的撤离时间；当货舱内失火时，首先确认失火的是哪个货舱。本系统设有两台风机和烟雾探测装置，当风机通过设于货舱内烟雾探头和管路抽出空气时，烟雾探测装置就能测出空气中烟雾的含量。烟雾达到一定含量时，烟雾探测装置会发出报警并显示发生火灾的地点。因此根据烟雾探测装置上的显示就可确定失火舱室。然后在二氧化碳室内先打开相应的施放阀，从手柄上拉出安全插销，手动推动与二氧化碳气瓶相连的气缸上的拉杆，打开二氧化碳气瓶上的瓶头阀，将二氧化碳气体施放到失火舱室。施放的二氧化碳气瓶的数量根据置于二氧化碳室内指示牌进行。

6.4.2 主要设备和附件

1. 二氧化碳室

二氧化碳室一般应设在上层建筑或开敞甲板上的单独舱室内，并应位于安全和随时可到达的地方，最好应能从开敞甲板进入。室内应保持干燥和良好的通风，出入口的门应为向外开启，所有开口均为气密。站室要有足够的通道面积，以便操作、维护和检验，适当的通道宽度为500~800 mm。

室内应备有准确的衡量设备，以便船员能安全地检查容器内的灭火剂数量。如称重装置或超声波检测装置。

站室还应敷设隔热层，使站室内温度不超过入级船级社所规定的温度。例如，德国劳氏船级社（GL）要求不超过45℃，中国船级社（CCS）指明应考虑站室在营运中可能会遇到的最大温度。

站室还应符合下列要求：站室内只能用于存放二氧化碳容器以及与系统有关的部件及设备；站室应有与驾驶室或控制站直接联系的通信设施；站室或控制站门的开启钥匙，应置于有玻璃面罩的盒子内，该盒子应设在门锁附近明显而易于接近的地点；站室内应设有清楚而永久性的示意图，以表明与二氧化碳的施放及分配直接有关的容器、总管、支管和附件等的布置，并对系统的操作方法作简要的说明。

2. 二氧化碳钢瓶

用于高压二氧化碳系统（一般为15 MPa）的二氧化碳容器应为无缝钢瓶，瓶的试验压力为24.5 MPa；国产的钢瓶容积为40 L和68 L，进口钢瓶为40 L、65 L和80 L，钢瓶的充装率不应大于0.67 kg/L，DNV船级社还规定≤45 kg/瓶；每只钢瓶的表面应标明容积、净重、工作压力、试验压力、出厂日期、工厂号码及检验钢印，外表面应涂红色，并有黄色的“二氧化碳”字样，印处涂白色。

钢瓶由瓶体和瓶头阀组成。瓶头阀由充气口、推杆、切膜刀、膜片、吸管、安全膜片或其他认可的安全装置组成，见图6-6。二氧化碳由充气口1直接进入钢瓶内。推杆 2 前端装有斜切口的切膜刀 3，通过操纵拉杆推动推杆 2，使切膜刀口螺旋前进而切破膜片，瓶内的二氧化碳则通过吸管 5 进入二氧化碳灭火系统的集合管中。吸管 5 是一根直径为 10~12 mm 的钢管或铜管，尾部有斜切口，其截面积比出口通道面积稍大些，以防止二氧化碳施放时有可能产生蒸发的情况。吸管应伸至距容器底部 5~8 mm 处，以保证二氧化碳充分施放。二氧化碳储存期间，为了安全起见设有保险膜片 6，保险膜片 6 在瓶内压力达到 18.6 MPa±1 MPa 时自行破裂。膜片破裂后，释放出的二氧化碳应由管路引至二氧化碳站外开敞甲板的大气中。二氧化碳瓶应按需分组，对人力开启者，每组应不超过 12 瓶。

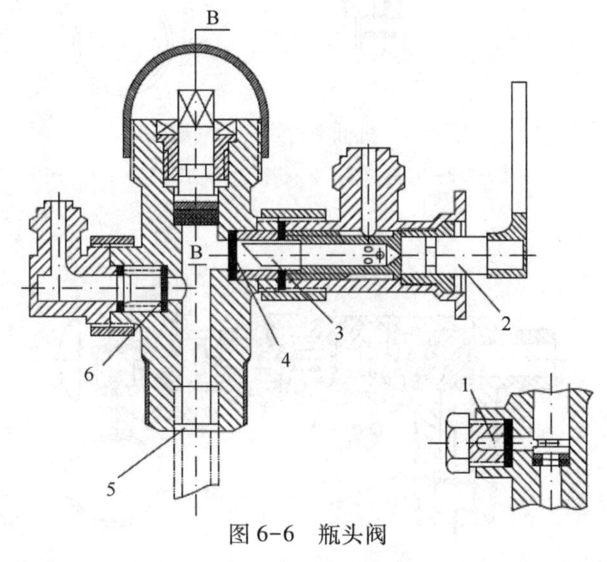

图 6-6　瓶头阀

1—充气口；2—推杆；3—切膜刀；4—施放膜片；5—吸管；6—保险膜片

3. 气动气瓶阀

气动气瓶阀一般用于二氧化碳固定式灭火系统的二氧化碳灭火气瓶上。按结构可分为带工作膜片气动气瓶阀和不带工作膜片气动气瓶阀。

带工作膜片气动气瓶阀按阀瓣密封的形式又可分为机械密封式（图 6-7）和差压式（图 6-8）。

机械密封式气动气瓶阀工作原理是在启动管路氮气气体的压力作用下，带闸刀的活塞前移，扎破工作膜片，施放出二氧化碳气体。当气动失灵时，可拉下安全卡簧，用手动按动按钮，应急施放二氧化碳气体。

差压式气动气瓶阀阀瓣的密封是靠瓶内二氧化碳气体作用在阀瓣的两边所产生的压力差来实现的。普通型气体气瓶阀在运输、安装和储存过程中，阀瓣可能因震

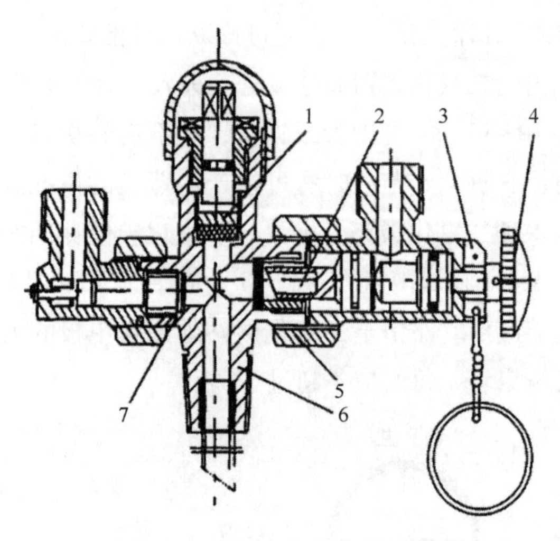

图 6-7 机械密封式气动气瓶阀

1—带阀瓣的阀杆；2—闸刀；3—安全卡簧；4—按钮；5—工作膜片；6—阀体；7—安全膜片

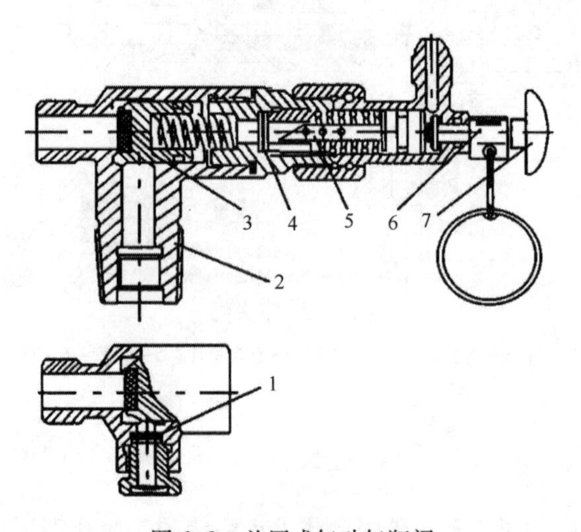

图 6-8 差压式气动气瓶阀

1—安全膜片；2—阀体；3—阀瓣；4—工作膜片；5—闸刀；6—安全卡簧；7—按钮

动而松动，造成二氧化碳气体的慢渗漏，而差压式气动气瓶阀则密封可靠。

差压式气动气瓶阀的工作原理是在启动管路氮气气体压力的作用下，带闸刀的活塞前移，扎破工作膜片，阀瓣右边气室内的二氧化碳气体迅速排入大气，压力迅速下降，阀瓣在气瓶内二氧化碳气体压力的作用下，被推离阀座，施放出二氧化碳气体。

两种气动气瓶阀都可手动应急操作，即当气动失灵时，可用手按动按钮，应急施放二氧化碳气体。

不带工作膜片气动气瓶阀分为杠杆式不带气缸（图 6-9）、连杆式自带气缸（图 6-10）和差压式自带气缸（图 6-11）3 种形式。

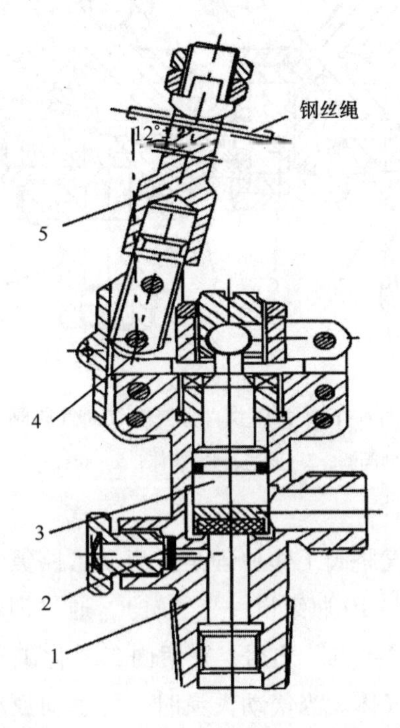

图 6-9　杠杆式不带气缸气动气瓶阀

1—阀体；2—安全膜片闸刀；3—带阀瓣的阀杆；4—连杆；5—手柄

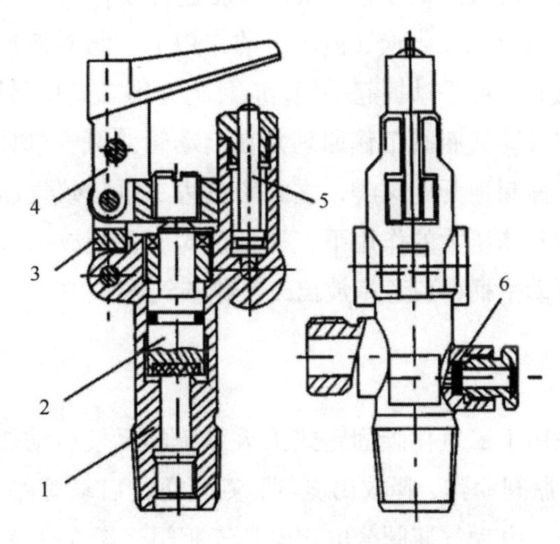

图 6-10　连杆式自带气缸气动气瓶阀

1—阀体；2—带阀瓣的阀杆；3—连杆；4—手柄；5—顶杆；6—安全膜片

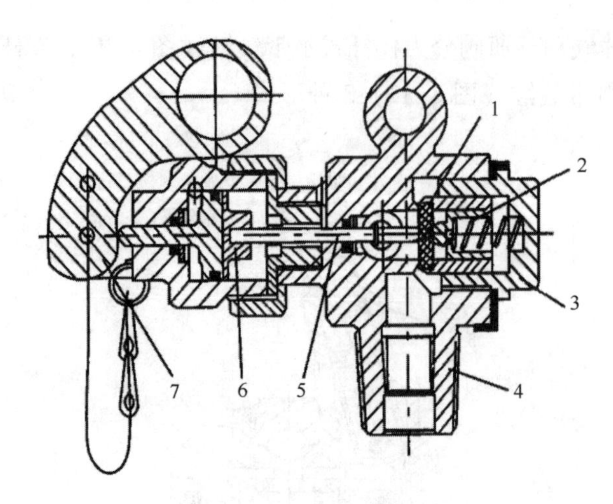

图 6-11 差压式自带气缸气动气瓶阀

1—主阀瓣；2—副阀瓣；3—阀盖；4—阀体；5—阀杆；6—活塞；7—手柄

杠杆式不带气缸气动气瓶阀工作原理是在启动管路氮气气体压力的作用下，共用气缸中的活塞前移（一般 10 瓶组设一个气缸），通过钢丝绳拉动手柄，当手柄摆动超过 12°时，即克服了“死点”之后，在瓶内二氧化碳气体的作用下，气瓶阀阀瓣打开，施放出二氧化碳气体。当气动失灵时，可手动扳动手柄，应急施放二氧化碳气体。

连杆式自带气缸气动气瓶阀工作原理是在启动管路氮气气体压力的作用下，小气缸中的活塞杆顶起气瓶阀上的手柄，从而带动连杆动作，使原来处于锁紧状态的阀瓣失去锁紧力，在瓶内二氧化碳气体压力的作用下，阀瓣被托起，施放出二氧化碳气体。当气动失灵时，可手动扳起手柄，应急施放出二氧化碳气体。

差压式自带气缸气动气瓶阀工作原理是在启动管路氮气气体压力的作用下，气缸中的活塞杆前移，强制顶开副阀瓣，主阀瓣右边二氧化碳气体压力迅速泄压，主阀瓣在瓶内二氧化碳气体压力的作用下，被推离阀座，施放出二氧化碳气体。当气动失灵时，可手动扳动手柄，应急施放出二氧化碳气体。

4. 二氧化碳电动气瓶阀

电动气瓶阀一般用于二氧化碳固定式灭火系统的氮气启动瓶上，当电动气瓶阀接收到电信号后，气瓶阀动作，释放出氮气，氮气通过启动管路，开启气动气瓶阀，施放出二氧化碳气体。电动气瓶阀分电磁电动气瓶阀（图 6-12）和电爆电动气瓶阀（图 6-13）。两种电动气瓶阀都可用手动应急操作。当电动失灵时，可拉下安全卡簧，用手按动按钮，应急释放出氮气。

电磁电动气瓶阀的工作原理是当接收到电信号后，电磁吸铁动作，推动拉钩，拉钩脱钩，闸刀在压缩弹簧的强力作用下，扎破工作膜片，释放出氮气。该阀的缺点是在恶劣的环境下，电磁铁会失灵。

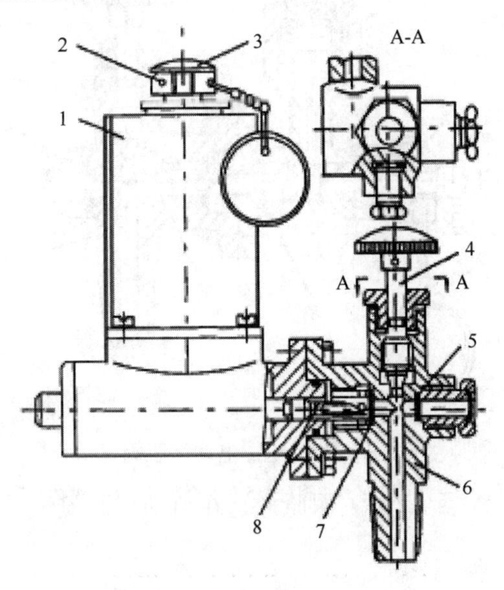

图 6-12　电磁电动气瓶阀

1—电磁铁；2—安全卡簧；3—按钮；4—阀杆；5—安全膜片；6—阀体；7—工作膜片；8—闸刀

电爆电动气瓶阀的工作原理是当接收到电信号后，电爆管中的小剂量火药被引爆，瞬时产生的气压推动带活塞的闸刀，扎破工作膜片，释放出氮气。该阀的缺点是由于电爆管是军需品，采购受到严格控制，且每半年需要更换一次电爆管。

5. 二氧化碳喷头

二氧化碳喷头的结构根据厂商不同，其形式也不同。图 6-14（a）所示的为较为复杂的一种，连接尺寸有 G1/2″和 G3/4″两种，孔径为 Φ3.0~Φ17.9 mm。图 6-14（b）所示的为最简单的一种，它的连接尺寸均为 G3/4″，孔径为 Φ11.5~Φ18.0 mm，每 0.5 mm 一档。实际使用时，可以按喷射的量及喷射的时间要求设置喷头，可以增加喷头的数量或增大喷头内径。但不少船级社对喷头的内径有规定，如意大利船级社要求喷头的内孔面积在 0.50~1.60 cm^2，即孔径［对于图 6-14（b）所示的喷头］在 Φ9.2~Φ16.4 mm。

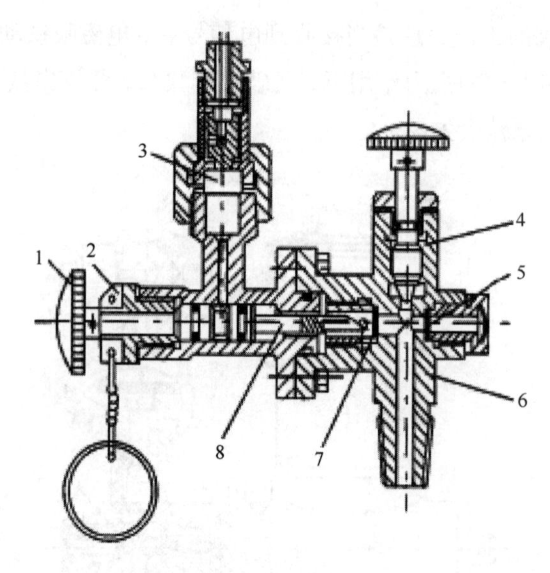

图 6-13　电爆电动气瓶阀

1—按钮；2—安全卡簧；3—电爆管；4—阀杆；5—安全膜片；6—阀体；7—工作膜片；8—闸刀

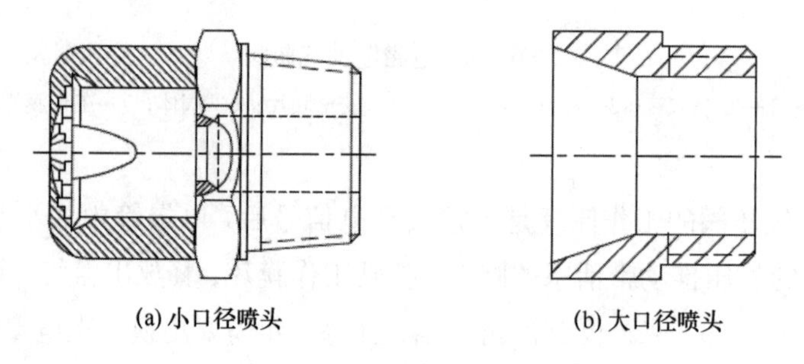

(a) 小口径喷头　　(b) 大口径喷头

图 6-14　二氧化碳喷头

6.4.3　二氧化碳灭火系统安装技术要求

（1）每个二氧化碳瓶的瓶头阀至总管的连接管上应装有止回阀，防止使用时高压二氧化碳进入其他低压二氧化碳瓶内。瓶头阀与总管连接必须使用认可型的高压弹性软管。

（2）分配阀箱至每一个保护处所应有独立的支管，并应设有对应的控制阀——快开阀，阀上须标明被保护处所的名称。

（3）二氧化碳灭火系统的所有管路阀件都要能在站室内集中控制。

（4）集合管至分配阀箱的总管上应装有量程为 0~24.5 MPa 的压力表。

(5) 在总管或分配阀箱上，应装设压缩空气吹洗接头。必须装设截止止回阀或可拆快速接头。

(6) 二氧化碳管路不得通过居住处所，并应避免通过服务处所。当无法避免时，则通过服务处所的管子不得有可拆接头。同时管路不可通过冷藏处所，除非有特殊的隔热层，至货舱的管子不准通过机舱。

(7) 管路的布置应有适当的斜度，一般为1：30。使水不易在管中积聚或冰冻。在管路的最低处应装置放水设备，如放水旋塞、塞头等。

(8) 货舱及机舱的二氧化碳喷头数量和位置应满足船级社的要求（GL有明确要求，入其他船级社的船可参考设计）。喷头布置应尽量接近易于失火的地点，并在保护舱室内均匀分布。

(9) 二氧化碳管路一般采用无缝钢管，并应镀锌。中国船级社要求主阀至分配阀箱前使用Ⅰ级管，其他为Ⅱ级或Ⅲ级管。

(10) 对于任何经常有人在内工作或出入的处所，应设有施放自动声光报警装置和在控制阀的气动管路上设置时间延迟继电器，使用时能延迟适当时间后才实现二氧化碳施放。

6.5 泡沫灭火系统

灭火泡沫通过泡沫灭火剂与水混合而形成，虽然泡沫灭火系统种类较多，但在机器处所主要应用的是高倍泡沫灭火系统和低倍泡沫灭火系统，本节主要介绍6种泡沫灭火剂。

6.5.1 泡沫灭火剂的类型

1. 水成膜泡沫灭火剂

水成膜泡沫灭火剂可按比例用清水或海水配制成按体积计的1%、3%或6%最终浓度的空气泡沫。这种空气泡沫具有黏度低，扩散迅速和均匀的特点，还可在其下方形成一层溶液的连续水膜，该水膜能扩展到没有完全被泡沫覆盖的可燃液体表面，并在遇到机械性破坏之后能自行封合。这种泡沫可与干粉灭火剂联用。

2. 蛋白泡沫灭火剂

蛋白泡沫灭火剂含有高分子量的天然蛋白质聚合物。可按比例用清水或海水配制成按体积计的3%或6%最终浓度的空气泡沫，这是一种稳定性、耐热性良好的黏稠泡沫。

3. 氟蛋白泡沫灭火剂

氟蛋白泡沫灭火剂与蛋白泡沫液相似，但还含有氟化的表面活性剂，灭油类火灾非常有效。氟蛋白泡沫液可用清水或海水配制成按体积计的3%或6%最终浓度的空气泡沫。它与干粉灭火剂的相容性优于常规蛋白型泡沫。

4. 水成膜氟蛋白泡沫灭火剂

水成膜氟蛋白泡沫灭火剂具有水成膜泡沫灭火剂和氟蛋白泡沫灭火剂的优点。可用清水或海水配制成按体积计的3%或6%最终浓度的空气泡沫。该种泡沫液具有扩散迅速且易于发泡的性质，可以使用水喷雾装置，可与干粉灭火剂配用。这种泡沫析液很大，使用后要防止复燃。

5. 抗溶泡沫灭火剂

抗溶泡沫灭火剂适用于扑灭水溶性、水混合性等会对普通泡沫液产生破裂和丧失效能的可燃液体，如醇、酮、酯、胺和酐类以及瓷漆和清漆的稀释剂等的失火。

6. 中倍数和高倍数泡沫灭火剂

泡沫液与水和空气混合产生最终的空气泡沫体积与混合前泡沫液体积之比称为发泡倍数，按发泡倍数可分为如下几类。

（1）低倍数泡沫——发泡倍数低于20∶1。

（2）中倍数泡沫——发泡倍数为（20~200）∶1。

（3）高倍数泡沫——发泡倍数为（200~1 000）∶1。

中倍数或高倍数泡沫适用于有限空间内的火灾，向有限空间内输入这种潮湿的泡沫，用其体积置换蒸汽、热气和烟，阻止空气进入并起冷却作用。不适宜用于开敞场所，因其重量非常轻，易被风吹散。

6.5.2 泡沫灭火系统原理

1. 低倍泡沫灭火系统

图6-15为空气泡沫产生的流程图。它是用化学的方法取得泡沫液体的。

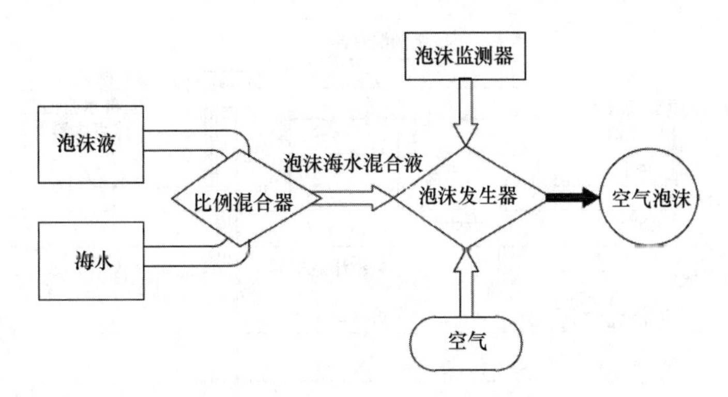

图 6-15　空气泡沫发生流程图

图 6-16 为低倍泡沫灭火系统应用于机舱的系统原理图，泡沫液体储存在泡沫液柜内，在需要灭火时，由应急消防泵吸入海水的同时将泡沫液从柜中抽出，消防泵排出海水的一部分与泡沫液在比例混合器混合，再通过消防泵及管路输送到需要的地方，在管路末端的空气-泡沫喷嘴中产生泡沫并喷出。

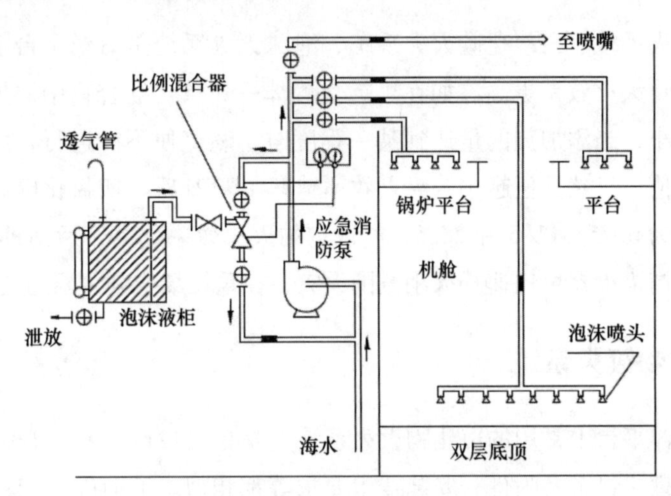

图 6-16　低倍泡沫灭火系统原理图

2. 高倍泡沫灭火系统

图 6-17 为高倍泡沫灭火系统应用的实例图，其原理与低倍泡沫灭火系统相似。

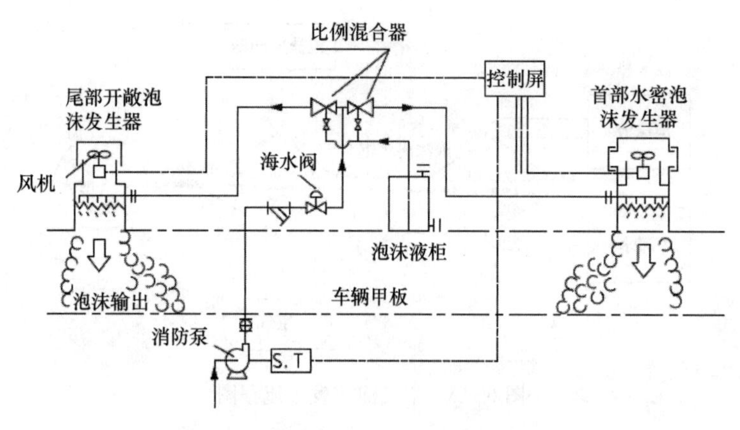

图 6-17　高倍泡沫灭火系统原理图

6.6　其他消防系统

虽然水灭火系统、二氧化碳灭火系统、泡沫灭火系统是海洋平台上的主要灭火系统，但卤化物灭火效率更高。如在可燃性气体——空气混合物中添加灭火剂，则燃烧的范围缩小，当添加剂的量达到某一程度时，燃烧便不能进行，此浓度称为灭火剂的抑爆峰值。显然其值越小，灭火效率越高。“1211”、四氯化碳和二氧化碳的抑爆峰值分别为 6.75、11.5 和 28.5，所以它的灭火效率远高于后两种气体。此外，干粉手提式便携灭火器可快速扑灭小范围火灾，在重要场所和主要通道必须配置。

6.6.1　卤化物灭火系统

船舶、海洋平台上常用的卤化物灭火系统主要有“1211”和“1301”两种灭火剂，其系统原理、设备及附件、安装技术要求等都相似。下面以“1211”为例进行介绍。

1. “1211”灭火系统装置

“1211”即二氟一氯一溴甲烷。“1211”平时以液态贮存于钢瓶中，喷出时部分为液雾，部分为气体。且液雾迅速气化，因此喷射范围广，能迅速均匀分布在被保护的舱室内，火灾就能立即扑灭。

“1211”灭火剂具有高效低毒、腐蚀性小、贮存压力低、贮存时间长、绝缘性能良好、使用方便、灭火后不留痕迹、对货物和机械设备无损等优点。

2. “1211”灭火系统设备、附件和站室布置

“1211”灭火系统的设备、管路和站室布置与二氧化碳灭火系统基本相同。

3. 管路安装技术要求

（1）管路布置及报警装置等其他要求与二氧化碳灭火系统相同。

（2）灭火管路必须定期用压缩空气吹洗，检查管路内是否畅通，喷嘴的喷雾情况是否良好，因此，灭火管路上应接有压缩空气管路。压缩空气管路应漆白色，防止操作失误。

（3）系统在车间内的液压试验压力为2倍工作压力，装船后的气密试验压力不小于0.4 MPa。

（4）灭火系统装置在安装完毕后，应选择一最大被保护舱室进行喷水效用试验。若有遥控装置，应同时进行试验，检查其灵活性及准确性是否良好。

喷水试验的要求是从喷水开始至完毕，时间不超过20 s，喷水终了的驱动气体压力一般为0.7~1.5 MPa。

6.6.2 直升机坪的消防系统

直升机坪的消防系统除了要满足《民用直升机海上平台运行规定》（中国民用航空总局令第67号）外，还应该考虑以下要求。

（1）应在通往直升机坪甲板的通道附近配备和存放总容量不少于45 kg的干粉灭火器以及总容量不少于18 kg的二氧化碳灭火器或等效设备。

对于设有消防水供给设施的平台，在直升机坪甲板两侧各设置一个消防软管站和水/泡沫两用消防炮。

（2）一套固定式泡沫灭火系统，其能力按不少于6 L/（min · m^2）配备，泡沫供应时间为5 min，其保护面积为以直升机坪总长为直径的圆面积。

（3）在寒冷地区系统的设计应考虑保温及伴热。

（4）一般来讲，直升机坪的泡沫系统是独立的。但其有关的信号均要送到中央控制室。对于带有加油装置的飞机坪，还应考虑其油罐的灭火设施。

6.6.3 便携式灭火器的配备

手提式便携灭火器作为小范围内着火的第一道防线，其优点就是简便、迅速、针对性强，但同样也有一些缺点，如灭火剂量有限、须近距离靠近火源等。

1. 灭火器的安装

（1）应保证在一旦着火时，人员易于到达并随时可用。

（2）灭火器应安装在人员可以看得见并不得有阻碍的地方。

（3）其放置应与甲板保持一定的距离，防止海水腐蚀。

2. 设置灭火器的位置

（1）放置在受火和爆炸可能性最小的地方。

（2）从平台甲板任何一个可能的着火点到灭火器的最大距离不得超过 15.2 m。

（3）在有潜在着火可能性的每一层甲板上，距楼梯 3.0 m 内，应设一个 B 类灭火器。

（4）安装在封闭区内的每台内燃机或燃气涡轮发动机应设置一个 B 类灭火器。

（5）装在开阔区域的每 3 台内燃机或燃气涡轮发动机应设置一个 B 类灭火器。

（6）每两台发电机和每两台 3.7 kW 以上的发动机应设一个 C 类灭火器。

（7）每台烧气或烧油的明火加热炉或加热器设置一个 B 类灭火器。

（8）生活模块的每个主通道应设置一个 A 类灭火器。

（9）在生活区，超过 4 人的住房应设置一个 A 类灭火器。

（10）在无线电室或其他的电气设备集中的封闭区域控制中心，应设置一个 C 类灭火器。

（11）每个厨房应设置 A、B、C 类灭火器。

（12）每个燃料储存室应设置相应级别的灭火器。

（13）每个吊机或其附近应设置一个 B 类灭火器。

3. 灭火器类型规格编码

灭火器类型规格编码的字母含义见表 6-4。

表 6-4　灭火器类型规格编码的字母含义

编码中字母	代表的主体汉字	代表的名词术语	备注
M	灭	灭火器	—
S	酸	酸碱	左起第二位的 S
Q	清	—	—
SQ	—	清水	—
P	光	泡沫	化学泡沫

续表

编码中字母	代表的主体汉字	代表的名词术语	备注
F	粉	干粉	—
N	钠	碳酸氢钠	—
A	铵	磷酸铵盐	—
L	卤	卤代烷	—
Y	1	“1211”	—
S	3	“1301”	左起第三位的S
T	碳	二氧化碳	左起第二位的T
T	推	推车式	左起第三或第四位的T

思考题

1. 简述海洋平台火区划分的主要考虑因素。
2. 简述海洋平台危险区的划分。
3. 简述水灭火系统、二氧化碳灭火系统和泡沫灭火系统灭火原理。
4. 简述消防水泵性能基本要求。
5. 简述消防水泵的安装位置要求。
6. 简述消防水泵的安装要求。
7. 简述雨淋阀的设计要求。
8. 简述二氧化碳灭火系统的安装要求。

第7章 管系设计

教学目标

1. 了解海洋平台管系设计原则。
2. 熟悉海洋平台管系设计阶段划分。
3. 掌握管系保护处理措施与技术要求。
4. 重点掌握管系设计与试验压力的确定，壁厚、流速、管径与管路阻力计算。

管系设计是一项复杂的工程，从设计到使用需要经过多次反复，其中一次应力的大小是衡量管系能否安全运行的标准之一，一次应力如果过大，管系可能会被破坏。一次应力是由管道的内压和外载产生的，其大小与作用在管系上的荷载及管道或配件的截面有关。当平台生产的规模确定后，管径的大小也就确定了，配管时是不能任意改变的，而管道的保护处理、检验与试验程序，进一步提高了其安全使用的可靠性，通过检查管道系统力学性能而进行的强度试验、检查管道系统连接质量的严密性试验和基于防火安全考虑而进行的渗透试验等工序，确保管系高质量地投入运营。本章着重介绍海洋平台管系设计原则、参数与材料选择、性能计算与保护处理，阐述管系设计阶段划分及管系无损检测与压力试验技术要求。

7.1 管系设计原则与设计阶段划分

管系设计时，在遵循相关规范要求的前提下，为保障管路的质量安全、经济与可靠，必须严格按照不同的设计阶段进行，通过反复不断地改进设计，完成管路系统的加工制造与投入使用。

7.1.1 基本要求

进行海洋平台管系设计，在满足入级船级社相关规范的前提下，应遵循以下基本要求。

1. 安全可靠性

安全可靠性是指平台管系的布置应能保证平台在规定状态下能够安全可靠地运行。因此，管系布置应满足：①管子、辅助机械、附件等的布置重心应相当低，保证平台拖航的稳定性；②水管与油管、烟管与油管尽量避免布置在一起，油管及油柜应避免设在锅炉、炉灶、烟道、排气管的上方；③有滴漏的管系应有收集滴漏的设施，有可能产生飞溅的管系，应有防飞溅的设施等。

2. 生产施工的可行性

①管路布置应能使管路零件的制造方便，同时使安装工艺实施方便。②管子弯头组合时应选择特殊的角度如30°、45°、60°；③管路接头的部分应考虑管路拆卸维修的方便性；④各管路系统应当保证独立性。

3. 操作管理方便

①管系布置时，多个管路之间要留有一定的间隙，使维修人员拆卸维修时便于操作；②管系布置要分区布置，有利于管理人员管理；③阀件和仪表应布置在便于观察和操纵的部位。

4. 经济、美观、弯头少、线路短

①管路布局应尽可能整齐布置；②管路路径尽可能短，弯头数尽可能少；③尽量减少管路的能量损失和压力损失。

7.1.2 管系的设计阶段划分

管系的设计可分为 3 个阶段：管系初步设计、管系详细设计和管系生产设计，见图 7-1。

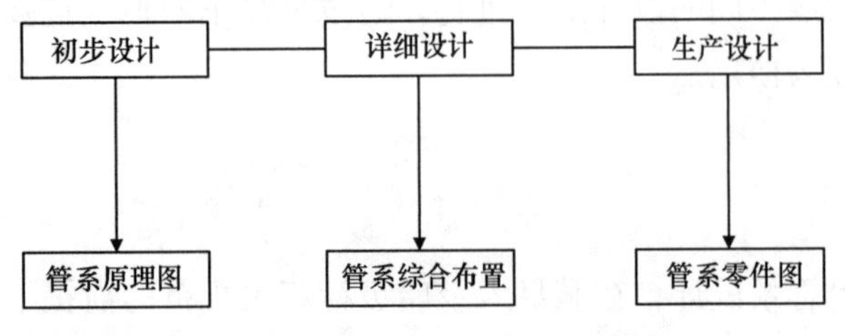

图 7-1 管系设计各个阶段功能图

1. 管系初步设计

当平台主尺度要素确定以及总布置与结构设计完成以后，才能进行管系的初步设计，以确定为整个平台服务的管路系统，解决有哪些管系，管系有什么功能等问题。根据管系使用的环境及需要满足的功能进行管系原理设计，提供管系原理图。管系原理图的设计应包括管材的选取、阀件的选取、附件的选取以及管路的走向。

（1）管材的选取。包括管子材料的选取（如选择船用无缝钢管、有缝钢管、紫铜管、PVC 塑料管、不锈钢管等），管子的大小，管子的壁厚，管系需要承受的压力等。

（2）阀件的选取。包括根据管子的大小选取阀件的类型（如截止阀、截止止回阀、球阀、止回阀、闸阀、通海阀、蝶阀等），阀件的大小及阀件的公称通径，阀件的压力等。

（3）附件的选取。包括附件的类型（如选择滤器、压力表、温度计、阀门、吸入口等），附件的大小和承受的压力等。

（4）管路的走向布置。根据选取好的管材、阀件、附件，按照系统需要达到的功能，在各个设备之间绘制管系的走向。管系原理图不体现管路在船上的具体位置，只体现在设备和设备之间，设备和舱柜之间的管路连接信息。

2. 管系详细设计

管系详细设计主要是根据管系原理图，确定管系的具体走向，也就是管系的平面综合布置。管系布置时需要满足：①国际公约，船旗国政府法规，平台入级船级社规范等的要求；②生产实施可行性的要求；③操作使用的要求；④维修的要求；⑤在满足以上要求的情况下，从经济效益方面考虑，应力求做到节省管材，减少不必要的能量和压力损失；⑥从布置和外形方面考虑，应力求做到整齐、美观、合理。

3. 管系生产设计

管系生产设计指根据已经通过船检机构认可的详细设计，指出施工的技术要领和施工程序，而且应明确规定其所在区域的编号、材料及工时定额、计划进度要求等，使施工人员明确知道自己如何去干。管系生产设计应提供管系区域安装图、管系零件图（又称管系小票）、开孔图、支架零件图、复板零件图等。

目前各大船厂广泛使用三维软件进行船舶、平台管系的生产设计，如 Tribon、CATIA 等，并且进行了二次开发使之适应我国造船的实际情况。三维软件的应用使管系的布置脱离二维空间的束缚，大大降低了对设计人员空间想象能力的要求，并能进行管系的自动干涉，更为重要的是能自动生成管系安装图和管系零件图。其主要步骤为：①建立平台体模型背景；②建立管系数据库，包括设备小样的建模、管材的定义、设备的定义、阀件的定义、附件的定义；③管系综合放样，包括管系的具体布置、管系的走向、阀件附件的定位安放、管系的分段、支架的安放、管系和其他设备的干涉检查；④图纸的生成，在分区域布置好管系以后，生成管系零件图、区域安装图、支架零件图、复板零件图、开孔图等，然后再集中生成电子版图纸。生成的每一根管系包含以下信息：管系的材料（规格标准）、下料长度、实际长度、连接形式（法兰、套管、螺纹、对焊等）、管系的制作信息、管系的安装信息、处理信息、管系的零件号、托盘名称等；⑤托盘的生成，包括区域中需要用到的所有管材的长度、所有阀件的数量、附件的数量、所有材料的质量等。

7.2 管系设计参数、保护处理与无损检测

管系设计是一项综合工程，首先要满足强度需要，能够承受压力与温度的考验，其次要适应工作环境，应对不同的介质，采取相应的保护处理措施，最后是进行完工检验，避免缺陷管路投入运营。

7.2.1 管系设计参数

1. 设计压力

管系设计压力是管系最高许用工作压力，应不小于安全阀或溢流阀的最高设定压力，具体如下所述。

（1）水管锅炉和整体式过热器之间的蒸汽管的设计压力，取锅炉的设计压力

(不小于锅炉筒体上任何安全阀的最高调整压力)。从过热器出口引出的蒸汽管的设计压力，取过热器安全阀的最高调整压力。

(2) 锅炉给水和上、下排污管的设计压力，取锅炉设计压力的 1.25 倍，但不小于锅炉设计压力+0.7 MPa。

(3) 空气压缩机和容积式泵排出端管路的设计压力，取安全阀最高调整压力：离心泵排出端管路的设计压力，取离心泵性能曲线上的最高压力。

(4) 锅炉的压力燃油管路的设计压力至少取 1.6 MPa。

2. 设计温度

设计温度系指管内流体的最高温度，但应不低于 50℃。

对过热蒸气管，如过热器出口蒸气的温度能被严格控制，则其设计温度应取管路所设计的工作蒸气温度。当在正常使用中温度波动会超过设计温度 15℃时，则用来确定许用应力所使用的温度应增加该超额数值。在特殊场合，设计温度另行规定。

7.2.2 管系等级

表 7-1 中，为了确定适当的试验要求、连接形式以及热处理和焊接工艺规程，中国船级社《海上移动平台入级规范》中将不同用途的压力管系按其设计压力和设计温度分为 3 级。

表 7-1 管系等级表

管系	Ⅰ级		Ⅱ级		Ⅲ级	
	设计压力 /MPa	设计温度 /℃	设计压力 /MPa	设计温度 /℃	设计压力 /MPa	设计温度 /℃
蒸气	>1.6	或>300	≤1.6	和≤380	≤0.7	和≤170
热油	>1.6	或>300	≤1.6	和≤380	≤0.7	和≤150
燃油、滑油、可燃液压油	>1.6	或>150	≤1.6	和≤150	≤0.7	和≤60
其他介质	>4.0	或>300	≤4.0	和≤380	≤1.6	和≤200

注：①当管系的设计压力和设计温度其中一个参数达到表中Ⅰ级时，即定为Ⅰ级管系；当设计压力和设计温度两参数均达到表中Ⅱ级或Ⅲ级规定时，既定为Ⅱ级管系或Ⅲ级管系。

②有毒和腐蚀介质、加热温度超过其闪点的可燃介质和闪点低于 60℃的介质以及液化气体等一般为Ⅰ级管系；如设有安全保护措施以防泄漏和泄漏后产生的后果，也可为Ⅱ级管系，但有毒介质除外。

③货油管系一般为Ⅲ级管系。

④不受压的开式管路如泄水管、溢流管、排气管、透气管和锅炉放汽管等也为Ⅲ级管系。

⑤其他介质是指空气、水和不可燃液压油等。

⑥热油是指火加热和废气加热的有机热油系统所用的循环油液。

7.2.3 管系的保护处理

1. 防腐蚀

管路的防腐蚀有两种情况，一种是处于腐蚀环境中的钢管应有防止锈蚀的保护措施，并在全部加工（钢管弯制、成形和焊接）完成后，施以保护涂层；另一种是管路中如有不同金属件相连，则应设有防电化学腐蚀的措施，具体方式如下。

（1）镀锌。须镀锌的管子有：①各种海水管；②各种淡水管（柴油机冷却淡水管除外）；③压缩空气管；④惰性气体管；⑤泡沫灭火管；⑥水舱的空气管、测量管和注入管；⑦二氧化碳管。

（2）涂塑。适合涂塑的管子主要是不实施镀锌的海水管。

（3）磷化。须进行磷化处理的管子有柴油机的淡水冷却管（不镀锌）。

（4）涂覆焦油环氧。焦油环氧涂料属化学固化型，具有极好的耐水、耐化学品及耐油等性能。一般的，油船甲板上输油管的外表采用涂覆焦油环氧的处理方法（也可涂覆防锈漆）。输油管内壁或油舱内输油管的内外壁可涂纯环氧。

2. 防火

（1）应避免燃油舱柜的空气管、溢流管和测量管通过居住舱室。当有困难时，则通过该类舱室管系不得有可拆接头。

（2）燃油管系不应位于紧靠高温装置的上方或附近。燃油管系的布置应尽可能远离热表面、电气装置或其他着火源并应予以围罩或采取其他保护措施，以避免燃油喷到或渗漏到着火源上。应最大限度地减少这种管系的接头数目。

3. 强度保护

（1）布置在舱室及其他处所易受碰损的管系，应具有可靠的、便于拆装的防护罩。

（2）各种管系应根据需要在管材、附件、泵、滤器和其他设备上设有放泄阀或旋塞。

（3）使用时压力可能超过设计压力的管路，应在泵的输出端管路上设置安全阀。对于油管路，由安全阀溢出的液体应流回至泵的吸入端或舱柜内。管路中的加热器和空气压缩机的冷却器也应装设安全阀。安全阀的调整压力，一般不超过管路的设计压力。

（4）压力管路上如装有减压阀时，应在减压阀后装设安全阀及压力表，并应设有旁通管路。

4. 隔热包扎

（1）所有蒸汽管、排气管和温度较高的管路，应包扎隔热材料，隔热层表面温度一般应不超过60℃。可拆接头及阀件处的绝热材料应便于拆换。若隔热层的表面是吸油的或可能被油渗透，应加防油保护。

（2）非冷藏装置的管路通过冷藏舱时，应包扎防冻材料，以防管路表面由于结水、结霜而腐蚀加快，并与钢构件作隔热分隔。

（3）一般情况下，通过温度为0℃或低于0℃舱室的管子，应与该舱室的钢构件作隔热分隔。

5. 膨胀补偿

（1）承受胀缩或其他应力的管子，应采取管子弯曲或膨胀接头等必要的补偿措施。油管和消防水管的膨胀补偿装置和法兰垫片应由不燃材料制成。

（2）管路中所使用的膨胀接头应为认可的形式，与膨胀接头毗连的管子应适当校直和固定，必要时，波纹管形膨胀接头需加以防护，以防机械损伤。

（3）铺设在平台间步桥上的管子应设有补偿位移措施。

6. 热处理

（1）Ⅰ级管系碳锰钢和碳锰钢管，经冷弯后，当弯曲半径小于其外径的3倍时，应进行热处理。所有合金钢钢管经弯曲后，均应进行热处理。

（2）由于冷弯而硬化的铜和铜合金管，在制造完工后进行液压试验之前，应进行适当的热处理，铜管应进行退火，铜合金管应进行退火或消除应力热处理。

（3）碳钢和碳锰钢管冷弯后的热处理，应缓慢均匀加热至580~620℃，保持温度的时间应为每25 mm壁厚（或不足25 mm者）至少1 h，在炉内缓慢冷却到400℃，然后在静止的空气中冷却。

（4）合金钢钢管的热处理应根据成分决定。

（5）压力管的焊后热处理还应满足中国船级社《材料与焊接规范》（2014）及2015修改通报的有关要求。

7.2.4 无损检测

无损检验各船级社都有明确规定，中国船级社《海上移动平台入级规范》中做出如下规定。

（1）在Ⅰ级管系中，外径大于76 mm的管子的对接焊接头，应全部经X射线或γ射线检测。

（2）在Ⅱ级管系中，外径大于100 mm的管子的对接焊接头以及Ⅰ级管系中外径等于或小于76 mm的管子的对接焊接头，应以10%抽样进行X射线或γ射线检测。

（3）当由于技术原因，Ⅰ级管系和Ⅱ级管系的X射线或γ射线检测不能进行时，可采取其他等效的检测方法。

（4）在特殊情况下，可用超声波代替射线检测。

（5）在Ⅰ级管系中，法兰接头的角焊缝应进行磁粉检查或其他合适的无损检测。根据材料类型、管壁厚度、外径尺寸以及流体性质等不同情况，中国船级社可采用对其他等级的管系的角焊进行磁粉检测或等效检测。

（6）除了上述的无损检测外，可以根据个别的特殊情况提出附加超声波检测的要求。

（7）X射线、γ射线及超声波检测应由中国船级社发证的Ⅱ级人员按合适的工艺进行。需要时，X射线、γ射级及超声波检测的完整工艺应提交审查。

（8）磁粉检测应具有适当的设备和工艺，且磁通量应足够探测出缺陷。必要时，设备应以标准试块进行校验。

（9）焊缝质量应符合中国船级社所接受的标准，焊缝中不可接受的缺陷应予以去除，并按相应要求予以修补。

7.3 主要管路材料及使用范围

海洋平台管路材料的选择，需要考虑多种因素，首先必须满足相关规范要求，其次在满足用户需求的情况下，尽量降低成本。特别是自升式海洋平台，对平台的重量有严格要求，如因管材设计选用不当，造成平台总重量超过升降系统的额定载荷，则需要重新选材设计。为此从中国船级社《海上移动平台入级规范》（2012）及2013修改通报摘录相关材料要求如下，对于规范以外的材料，需经相关船级社认证特批，才能选用。

7.3.1 碳钢和低合金钢钢管

Ⅰ级管和Ⅱ级管使用的碳钢和低合金钢钢管应为无缝。但也可使用按照中国船级社认可的焊接工艺制造的焊接钢管。

有纵向对接焊缝的锻造管材不能用于燃油、油加热盘管或压力超过0.4 MPa的压力容器内。

碳钢和碳锰钢钢管、阀件和附件一般不能用于流体温度超过400℃的管系，但如果它们的冶金性能和高温耐久强度（100 000 h以上的最大抗拉极限强度）符合国家或国际规则和标准，并且这些数值能由钢厂保证，则可以用于更高温度的管系。

7.3.2 铜和铜合金管

Ⅰ级和Ⅱ级管系中所使用的铜和铜合金管应为无缝。

Ⅲ级管系所用的铜和铜合金材料，应根据中国船级社认可的技术标准进行制造和试验。

铜和铜合金管、阀件和附件的使用温度应不超过下列规定：①铜和铝黄铜不超过200℃；②铜镍合金不超过380℃；③适合高温用途的特殊青铜不超过260℃。

7.3.3 塑料管

塑料管在平台上的应用，应参照中国船级社《钢质海船入级与建造规范》的相关规定，并符合中国船级社《材料与焊接规范》相关要求。

平台上所用塑料管应为认可型。认可程序和内容可按国际海事组织（IMO）753（18）决议《塑料管的生产与应用》有关规定进行。

平台上所用的塑料管，应根据其化学成分、机械性能和耐温极限选取。塑料管的最大允许内压力，应不大于在其使用温度下爆破压力的1/4或长期静水压力（≥100 000 h）试验破坏压力除以安全系数2.5，取较小者。对管内可能产生真空状态或管材外部作用有液体压力的管系，其最大外压力应不大于在其使用温度下爆破压力的1/3。

（1）认可型的并按照批准的技术要求做过试验的塑料管可用于下列Ⅱ级管：①位于火灾危险较小的压载水舱、隔离舱、空舱或类似舱室内的海水和淡水的压载水管；②各自用独立冷却系统供水的辅机和压缩机的淡水冷却水支管；③不通过冷藏舱的平台内排水管；④卫生水供排系统；⑤淡水舱的空气管和测量管，但不包括甲板以上的部分；⑥设在控制室或机舱控制台内部的气、液仪表系统的管材，但下列情况除外：操舵系统、海水阀遥控系统、燃油日用油柜上的阀的遥控系统、舱底及燃油系统中阀的遥控系统、压载水系统中阀的遥控系统、灭火装置的遥控系统。

（2）认可型并按照批准的技术要求做过注水状态耐火试验15 min的塑料管可用

于下列Ⅲ级管：①不构成消防系统或舱底系统组成部分的并与海水阀相连的平台内压载管；②机舱内与海水进口阀或排出阀相连的海水冷却水管。

（3）当塑料管穿过水密舱壁、防火舱壁或甲板时，在塑料管损坏后应不致破坏这些舱壁和甲板的完整性。

（4）所有塑料管应有适当并自由的支撑。在管子的每个区段均应有允许塑料管膨胀或收缩措施。

（5）塑料管一般应不用于介质温度高于60℃或低于0℃的管系。

（6）当塑料管适用的管路中为控制静电而需一定的导电性时，则其单位长度的管子、弯头或支管的电阻不能大于0.1 MΩ/m。

（7）管路应保持导电的连续性并接地，管路中任何一点的接地电阻应不大于1 MΩ。

7.3.4 软管

（1）当机器和固定管路之间需要有相对运动时，则可采用认可型的短软管进行连接。软管不能作为未对中管段之间的补偿。

（2）输送可燃性液体或海水的管系中使用的非金属软管，其内部应至少有一层金属丝编织物。

（3）软管应具有认可型的管端附件。

（4）通常，只有在柴油机和空气压缩机冷却管路中，当由短直软管连接机器两固定点之间两个金属管时，才可使用管夹作为管端固定方法。

（5）新型式的非金属软管，应经原型压力试验，其爆破压力应不小于最大许可工作压力的4倍。

（6）有棉织物或相同材料加强的合成橡胶软管可用于海、淡水冷却系统，但如其破裂会造成危险，则应采取适当的围蔽措施。具有单层或双层编制物加强或金属丝网保护的合成橡胶软管可用于压缩空气、海水、淡水、燃油、滑油管系中。当用于供燃烧器的燃气或燃油管路时还应具有外部保护编制物。

（7）每根软管均应经液压试验，试验压力应不小于最大许可工作压力1.5倍。

（8）用于机器处所和其他有可能产生火源的处所，如管内为可燃液体，则软管的材料应为阻燃形并应符合IMO MSC/Circ.601的要求。

（9）软管的两端应有如下标志：①软管外径；②最大允许工作压力；③防火等级。

7.3.5 管系材料的选择原则

1. 原则

各种管路所用管系材料的选择应根据管路的用途、介质的种类和参数（压力与温度）而定。

设计时应根据相关规范要求，按平台设计任务书的规定，并根据平台建造成本的核算等方面因素进行选用。

2. 一般情况

（1）各种管路一般均应采用钢质管（无缝钢管或焊接钢管）。

（2）仪表管应使用无缝铜管。

3. 特殊情况

除钢管外，可按船东要求改用下列管材，但应在平台设计任务书中写明并由经济管理部门核算成本差价。

（1）海水冷却管可使用镀塑钢管、铜-镍管或铝黄铜管。

（2）海水舱、淡水舱和油舱、油柜的加热盘管，可按船东要求采用铝黄铜管或不锈钢管。

（3）饮水管可用不锈钢管。

7.4 壁厚、流速、管径和管路阻力的计算

管子的壁厚应保证管子必要的强度及腐蚀余度，各船级社对管子壁厚的计算均有具体要求。而流速、管径与管阻的确定和经济成本紧密相关，需要综合考虑。中国船级社《海上移动平台入级规范》给出下述钢管的最小壁厚和基本计算壁厚公式，如果计算所得的最小壁厚小于表 7-3 和表 7-4 所列的数值，则应采用相应的标准管的最小公称壁厚。阀或旋塞可装在焊于外板或海水箱壁的短管上，短管壁厚应符合相关要求。此外，露天甲板上的空气管，其壁厚应至少为：管子外径 80 mm 及以下 6.0 mm，管子外径 160 mm 及以上 8.5 mm，中间值可用内插值法决定。

7.4.1 管壁厚度的计算

1. 受内压的钢管，其最小壁厚δ计算

受内压的钢管，其最小壁厚δ应不小于按下式计算结果之值：

$$\delta=\delta_0+b+c \text{（mm）}$$

式中，δ 为最小计算壁厚，mm；δ_0 为基本计算壁厚，mm；b 为弯曲附加裕量，mm；c 为腐蚀裕量，mm。对于穿过舱柜的管路，应增加一个计及外部腐蚀的附加腐蚀裕量，该腐蚀裕量取决于外部介质；若采用涂层、衬层等措施对管子及其接头进行了有效的防腐蚀保护，则至多可减少50%的腐蚀裕量。当使用有足够抗腐蚀性能的特种钢时，其腐蚀裕量可以减少，甚至可减少到零。

2. 钢管基本计算壁厚

钢管基本计算壁厚的公式为

$$\delta_0=PD/（2［\sigma］e+P）$$

式中，P 为设计压力，MPa；D 为钢管外径，mm；［σ］为钢管许用应力，N/mm^2；e 为焊接有效系数，对无缝钢管、电阻焊和高频焊钢管应取1，其他方法制造的管子，e 值另行考虑。

3. 钢管腐蚀裕量的查取

钢管腐蚀裕量的查取，见表7-2。

表7-2 钢管腐蚀裕量C 单位：mm

管系用途	C	管系用途	C
过热蒸汽管系	0.3	滑油管系	0.3
饱和蒸汽管系	0.8	燃油管系	1.0
储油舱蒸汽加热管系	2.0	储油管系	2.0
锅炉开式给水管系	1.5	冷藏装置制冷剂管系	0.3
锅炉闭式给水管系	0.5	淡水管系	0.8
锅炉排污关系	1.5	海水管系	3.0
压缩空气管系	1.0	冷藏舱室盐水管系	2.0

4. 弯曲附加裕量 b 计算

弯曲附加裕量 b 应不小于按下式计算之值：

$$b=0.4D\delta_0/R \quad (\mathrm{mm})$$

式中，R 为平均弯曲半径，通常应不小于 $3D$，mm；D 为钢管外径，mm；δ_0 为基本计算壁厚，mm。

5. 钢管许用应力 [σ] 计算

钢管许用应力 [σ] 应取下列公式计算的最小值：

$$[\sigma]=\sigma_b/2.7 \quad (\mathrm{N/mm^2})$$

$$[\sigma]=\sigma_S^{\mathrm{T}}/1.6 \quad (\mathrm{N/mm^2})$$

$$[\sigma]=\sigma_D^{\mathrm{T}}/1.6 \quad (\mathrm{N/mm^2})$$

$$[\sigma]=\sigma_C^{\mathrm{T}} \quad (\mathrm{N/mm^2})$$

式中，σ_b 为材料在常温下的最低抗拉强度；σ_S^{T} 为材料在设计温度下的最低屈服点或0.2%的规定非比例伸长应力；σ_D^{T} 为材料在设计温度下 100 000 h 内产生破断的平均应力；σ_C^{T} 为材料在设计温度下 100 000 h 内产生 1%蠕变的平均应力。

σ_{b}、σ_S^{T}、σ_D^{T}、σ_C^{T} 应符合中国船级社《材料与焊接规范》有关规定。

6. 当有制造负公差时，管子的壁厚计算

当有制造负公差时，管子的壁厚不得小于按下式计算之值：

$$\delta_{\mathrm{m}}=\delta/(1-a/100) \quad (\mathrm{mm})$$

式中，a 为制造负公差与管子公称壁厚之比。

7. 钢管和不锈钢的外径与最小公称壁厚

表 7-3 和表 7-4 分别是钢管和不锈钢的外径与最小公称壁厚，其中螺纹管的壁厚，应量至螺纹根部。

表 7-3 钢管外径与最小公称壁厚 δ 单位：mm

外径 D	最小公称壁厚 δ			
	一般用管 ③④⑥⑧⑨⑩	与平台体系结构有关的舱柜的空气管、溢流管和测量管 ①②③④⑥⑦⑧	舱底、压载水管一般海水管 ①③④⑤⑥⑦⑧	通过压载舱和燃油舱的舱底水管、空气管、溢流管和测量管。通过燃油舱的压载管和通过压载舱的燃油管 ①②③④⑤⑥⑦⑧
10. 2~12	1. 6			
13. 5~17. 2	1. 8			
20	2. 0			
21. 3~25	2. 0		3. 2	
26. 9~33. 7	2. 0		3. 2	
38~44. 5	2. 0	1. 5	3. 6	6. 3
18. 3	2. 3	1. 5	3. 6	6. 3
51~63. 5	2. 3	1. 5	1. 0	6. 3
70	2. 6	1. 5	1. 0	6. 3
76. 1~82. 5	2. 6	1. 5	1. 5	6. 3
88. 9~108	2. 9	1. 5	1. 5	7. 1
114. 3~127	3. 2	1. 5	1. 5	8. 0
133~139. 7	3. 6	1. 5	1. 5	8. 0
152. 4~168. 3	1. 0	1. 5	1. 5	8. 8
177. 8	1. 5	5. 0	5. 0	8. 8
193. 7	4. 5	5. 4	5. 1	8. 8
219. 1	4. 5	5. 9	5. 3	8. 8
244. 5~273	5. 0	6. 3	6. 3	8. 8
293. 5~368	5. 6	6. 3	6. 3	8. 8
406. 4~457	6. 3	6. 3	6. 3	8. 8

注：①具有有效防腐蚀措施的管子，其最小壁厚可以适当减，但减薄最多不超过 1 mm。

②除液货闪点小于 60℃的液货舱测量管外，表列测量管的最小管壁厚系适用于液舱外部的测量管。

③对于允许采用的螺纹管，最小壁厚应自螺纹根部量起。

④焊接钢管和无缝钢管的外径和壁厚的数值取自 ISO 的推荐文件 R336，若按其他标准选取管子壁厚可允许适当减少。

⑤通过深舱的舱底水管和压载管的最小壁厚应另行考虑，通过储油舱的压载水管的最小壁厚应不小于平台管系短管壁厚表规定的值。

⑥外径大于 457 mm 的管子的最小壁厚可参照国家或国际标准，但任何情况下其最小壁厚应不小于本表中管子外径为 406. 4~457 mm 所对应的值。

⑦舱底、测量、空气和溢流管的最小内径应为：舱底管 50 mm；测量管 32 mm；空气和溢流管 50 mm。

⑧本表所列的最小壁厚一般是指公称壁厚，因此不必考虑负公差和弯曲减薄裕量。

⑨排气管的最小壁厚应另行考虑。

⑩货油管的最小壁厚应另行考虑。

表 7-4　不锈钢钢管外径 D 与最小公称壁厚 δ　　单位：mm

管子外径（D）	不锈钢管最小公称壁厚（δ）
≤10	1.0
11~18	1.5
19~83	2.0
84~169	2.5
170~246	3.0
247~340	3.5
341~426	4.0
427~511	4.5
512~597	5.0

8. 阀或旋塞的短管壁厚

阀或旋塞可装在焊于外板或海水箱壁的短管上，短管壁厚应符合表 7-5 的要求，同时短管应有足够的加强，以保证刚性。

表 7-5　阀或旋塞的短管壁厚表　　单位：mm

管子外径（D）	管子壁厚（δ）
50	6.3
100	8.6
125	9.5
150	11.0
200 及以上	12.5

7.4.2　管内流速的计算

确定介质在管内的流速是管路设计的重要一环。流速高，则管径小，管材省，成本低，但引起阻力增大，腐蚀加快；流速低，则管径大，管材消耗多，成本提高，但阻力小，泵的耗电降低。且当流速过低时，也会引起腐蚀。因此，必须根据具体管路合理选择流速。

1. 海水管内的流速

由于海水对金属的腐蚀最大（除酸、碱外），因此对海水在管内的流速应予以特别注意。

一般的，海水在管内的流速应控制在 1~3 m/s，具体要求如下。

1）海水总管

海水总管应以最大海水用量工况的海水流量，将流速控制在 3 m/s 以内。并保证在正常平台工况下仅使用一台潜水泵时，海水总管内流速不小于 1 m/s。

2）海水冷却管

不论是镀锌钢管、镀塑钢管还是铜镍管，均可以 2~3 m/s 的流速进行设计。一般，吸入管取低值，排出管取高值。

3）舱底水管及压载水管

通常舱底水吸入管（总管、支管）及压载水管（总管、支管）以不小于 2 m/s 的流速进行设计，而其泵的排出管以不大于 3 m/s 的流速进行设计。对采用 GRP 玻璃钢管道的专用压载管可取 2~4 m/s 。

2. 其他管系内的流速

其他管系内的流速见表 7-6。

表 7-6　其他管系内的流体推荐流速

管路名称	流速/（m·s^{-1}）	
	吸入管	排出管
柴油管	0.7~0.5	0.9~1.7
燃料油管	0.3~0.8	0.4~1.2
滑油管	0.4~1.2	0.8~2.0
淡水冷却管	1.2~2.7	1.2~2.7
排气管	—	25~30
压缩蒸汽管	—	15~20
蒸汽管	—	<30
凝水管	0.5~1.0	—
热煤油管	2.0~3.0	3.0~4.0

7.4.3　管径的计算

管径是根据流经管内流体的流量及流速而定的。其关系为

$$d_i = 0.0188\ (q_v/\nu)^{1/2}$$

或

$$d_i = 0.0188\ (q_m/\rho\nu)^{1/2}$$

式中，d_i 为管子内径，m；q_v 为体积流量，m^3/h；q_m 为质量流量，kg/h；ρ 为流体密度，kg/m^3；ν 为管内流体流速，m/s。

对管内介质为液体的管子内径，因所提供的流量为体积流量，故一般可按上式计算。但对如货油泵之类的泵，由于所提供的体积流量是以海水为基础的，而实际流动的是货油，故应注意其差别。关于温度对液体质量流量的影响，通常可忽略不计。

7.4.4 管路阻力的计算

1. 管路总阻力

管路总阻力的计算公式为

管路总阻力=各直管段摩擦阻力之和+所有附件的局部阻力之和

2. 直管摩擦阻力

直管摩擦阻力 P_1 的计算公式为

$$P_1=0.5\lambda \cdot L/d_i \cdot \nu^2 \cdot \rho=(\lambda \cdot L/d_i \cdot \nu^2/2g)$$

式中，P_1 为直管摩擦阻力，Pa；λ 为管子摩擦阻力系数，查流体手册可得；L 为管段长度，mm；d_i 为管子子内径，m；ν 为管内流体流速，m/s；g 为重力加速度，9.81 m/s^2；ρ 为密度，kg/m^3。

3. 附件局部阻力

管路附件的局部阻力的计算公式为

$$P_2=0.5\zeta \cdot \nu^2 \cdot \rho=(\zeta \cdot \nu^2/2g)$$

式中，P_2 为局部阻力，Pa；ζ 为管子局部阻力系数，查流体手册可得；g 为重力加速度，9.81 m/s^2；ρ 为密度，kg/m^3；ν 为管内流体流速，m/s。

7.5 管廊上管道布置与支撑

海洋平台管道布置设计，因设计人员对配管设计的理解不同，管道的布置千差万别，但管道布置设计有其共同的规律，应符合有关的规范、标准和惯例。如果设计项目是涉外的，尚应执行有关的国外规范和标准，这些规范标准通常由委托方提出。本节和本章第六节特别从石油工业出版社《海洋石油工程设计指南》（2007）

中摘编出部分内容供参考，因此出现了非标英制单位，请在使用中加以注意。

7.5.1 平台管廊上管道布置原则

1. 管廊宽度与层数

依据工艺管道及仪表流程图、管道表和设备布置平面图，确定管廊上管道走向及根数并进行管廊上管道布置，根据管道走向调整局部通过管廊的管道，合理利用空间，从而确定管廊的宽度及层数。同时在管道排列布置时，宜留有10%~30%的空位，并要考虑预留空位的荷载。

2. 大管径（≥10 in）

大管径，特别是输送液体的管道尽量靠近吊架立柱布置，以使吊架的梁承受较小的弯矩。小直径的管道宜布置在管架的中央部位。

3. 双层管廊

管廊上管道可以布置成单层或双层，必要时也可以布置3层。对于双层管廊，上、下层间距一般为1.2~2 m，主要取决于管廊上多数的管道直径。

通常气体管道、热的管道宜布置在上层，液体管道、非金属管道及腐蚀性介质管道宜布置在下层。仪表电缆和电气电缆槽架宜布置在上层。

4. 需要热补偿管道

需要热补偿管道宜布置在横梁端部，以便设置“Π”形膨胀弯。热补偿的补偿方式，不能局限在管廊范围内考虑，应当从管道的起点至终点对整个管系进行分析以便确定合理补偿方案。

5. 管道变径

敷设在管廊上的管道改变管径时应采用偏心大小头以保持管底标高。

6. 管道有坡度要求

敷设在管廊上要求有坡度的管道可以通过调整管鞋高度或在管鞋下加型钢或钢板垫枕的办法来实现。对于放空气体总管（或火炬总管）宜布置在管廊上层，坡向分液罐或其他设备，坡度宜不小于0.01，该管所有支管都应从该管的顶部连接。

7. 标高

敷设在管廊上的管道采用管底标高；与设备相连接的管道采用管心标高。标高均为以本层甲板面为基准的相对标高。

8. 管间距

管道间净距应满足管子焊接、保温层及组成件安装维修的要求。通常两条管道上最突出部分间距不小于 50 mm，有侧向位移的管道应适当加大管间距；管道突出部分或保温层外壁的最突出部分距管架立柱、结构梁、建筑物墙面的净距不小于 50 mm，有法兰的地方应考虑拧紧法兰螺栓所需空间。

7.5.2 管道支吊架

支吊架的选型和设置，对改善管系的振动也起着重要作用。

1. 种类和形式

管道支吊架的种类就其结构而言形式众多，但仅考虑其功能和用途时，可分为以下几类，见表 7-7。

表 7-7 管道支吊架的分类

<table>
<tr><th rowspan="2">序号</th><th colspan="2">大分类</th><th colspan="2">小分类</th></tr>
<tr><th>名称</th><th>用途</th><th>名称</th><th>用途</th></tr>
<tr><td rowspan="3">1</td><td rowspan="3">承重支吊架</td><td rowspan="3">支吊管道的质量</td><td>刚性支架</td><td>用于无垂直位移的场合</td></tr>
<tr><td>可调刚性支架</td><td>用于无垂直位移但要求安装误差严格的场合</td></tr>
<tr><td>弹簧支架</td><td>用于有垂直位移的场合</td></tr>
<tr><td rowspan="3">2</td><td rowspan="3">限制性刚性支吊架</td><td rowspan="3"></td><td>固定支架</td><td>用于固定点处不允许有线位移和角位移的场合</td></tr>
<tr><td>限位支架</td><td>用于限制某一方向位移的场合</td></tr>
<tr><td>导向支架</td><td>用于允许管道有轴向位移的场合</td></tr>
<tr><td rowspan="2">3</td><td rowspan="2">防振支架</td><td rowspan="2">用于限制或往复式机泵进出口管道和由地震、风压、水击、安全阀排出反力引起的管系振动</td><td>减震器</td><td>用于需要弹簧减震的地方</td></tr>
<tr><td>阻尼器</td><td>缓和往复式机泵、地震、风压、水击、安全阀排出反力引起的油压式振动</td></tr>
</table>

管道支吊架材料通常选用 A3 普通碳钢制作，其加工尺寸、精度及焊接等应符合设计要求。

2. 选用原则

（1）管道支吊架形式的选择，主要考虑：管道的强度、刚度；输送介质的温度（保温或保冷）、工作压力；管材的线膨胀系数；管道运行后的受力状态及管道安装的实际位置状况（支承点所承受的荷载大小和方向、管道的位移）等，同时应考虑制作和安装成本。

（2）在管道上不允许有任何位移的地方，应设置固定支吊架。支吊架要生根在固定的平台结构上。管路膨胀及固定支架的设计应考虑减少对设备所产生的推力。

（3）在管道上无垂直位移或垂直位移很小的地方，可装活动或刚性支吊架。活动支吊架的形式应根据管道对摩擦作用的不同来选择：①对由于摩擦而产生的作用力无严格限制时，可采用滑动支架；②当要求减少管道轴向摩擦作用力时，可采用滚珠支架；③当要求减少管道水平位移的摩擦作用力时，可采用滚柱支架。滚珠和滚柱支架结构较为复杂，一般只用于介质温度较高和管径较大的管道上。

（4）在水平管路上只允许有轴向位移而不允许有横向位移的地方，应装导向支架。

（5）为防止管道过大的横向位移和可能承受的冲击荷载，一般在下列地方设置导向管鞋，以保证管道只沿着轴向位移：①安全阀出口的高速放空管道和可能产生振动的两相流管道；②横向位移过大可能影响邻近管道时，固定支架之间的距离过长，可能产生横向不稳定时；③为防止法兰和活接头泄漏要求管道不宜有过大的横向位移时；④为防止振动管道出现过大的横向位移时。

（6）水平安装的方形补偿器或弯管附近的支架，一端应为滑动，以使管段受热膨胀时，能够自由地横向移动。

（7）为便于工厂成批生产，加快建设速度，设计时应尽可能选用标准“U”形卡、管鞋和管吊架。

（8）焊接型的管鞋、管吊架，卡箍型的管鞋、管吊架省钢材，且制作简单，施工方便。因此，除下列情况外，应尽量采用焊接型的管鞋和管吊架：①管内介质温度大于或等于 400℃的碳素钢材质的管道；②输送冷冻介质的管道；③合金钢材质的管道；④生产中需要经常拆卸检修的管道；⑤架空敷设且不易施工焊接的管道。当架空敷设的管道热胀量超过 100 mm 时，应选用加长管鞋，以免管鞋滑到管架梁下。

(9) 对于不保温的管道，在无特殊要求的情况下，一般不设置管鞋，直接放在梁架或管道支架上，但对大直径薄壁管道，宜在管道底部衬托加强板保护。

(10) 管路重型附件的附近，应装设支吊架，以承受附件主要荷载。

(11) 支架生根焊在钢制设备上时，所用垫板应按设备外形成型。当碳钢设备壁厚大于 38 mm 时，应与设备厂家联系协商，是否可行。当生根在合金设备上时，垫板材料应与设备材料相同，并应与设备厂家联系协商，是否可行。

(12) 下列情况应选用可变弹簧支吊架：①由于管道在支承点处有向上垂直位移，致使支架失去其承载功能，荷载的转移将造成邻近支架超过其承载能力，或造成管道跨距超过其最大允许值时；②当管道在支承点有向下的垂直位移，选用一般刚性支架将阻挡管道的位移时；③选用的弹簧其荷载变化应不大于 25%，其荷载变化率等于工作载荷减去安装载荷的绝对值除以工作载荷；④当选用的弹簧不能满足上述荷载变化率时，可选用两个弹簧串联安装；⑤串联弹簧应选用最大荷载相同的弹簧，每个弹簧承受的荷载相同，总的位移量按每个弹簧的最大压缩量的比例进行分配；⑥当实际荷载超过选用表中最大允许荷载时可选用两个或两个以上的弹簧并联安装；⑦并联弹簧应选用同一型号的弹簧，荷载按并联弹簧数平均分配。

(13) 当采用槽钢作托架时，槽钢的布置位置应尽可能使惯性矩较大之面来承受较大荷载。

值得注意的是，由于经济、腐蚀和防火等方面原因，弹簧型管子支座很少用于海上管道。通常也避免采用杆式管吊架来支撑管道，因为在发生火灾时，它们比常规的支柱型支撑更容易毁坏。

3. 膨胀和挠度

管道可能受到各种负荷，通常在一条管道系统的应力分析中，最主要的应力是由以下各项引起的：①压力；②管道、管件和流体的重量；③外部负荷，热膨胀。在正常情况下，多数管道的位移是由热膨胀引起的。

(1) 如果不符合下列摘自《工艺管道》(ASME B31. 3—2004) 的近似标准，应该对具有两个固定点的系统进行应力分析。

$$D\Delta_l / (L-U)^2 \leqslant 0.03$$

式中，D 为管道公称直径，in；Δ_l 为管道的伸长量，in；U 为固定点距离，ft（固定点之间的直线距离）；L 为管道的实际长度，ft。Δ_l 可以由摘自《工艺管道》(ASME B31. 3—2004) 的下述公式来计算：

$$\Delta_l = 12LB\Delta T$$

式中，Δ_l 为管道的伸长量，in；L 为管道的实际长度，ft；B 为通常所见正常操作温度时的平均热膨胀系数（对于碳钢管，约为 7.0×10^{-6} in/（in·°F）；精确值见 ASME B31.3）；ΔT 为温度变化，°F。

（2）下列准则有助于选择那些不要求进行应力分析的管道和系统：①最大温度变化不超过 50°F 的系统；②管道最大温度变化不超过 75°F 的管道，并且管道中拐弯处之间的距离大于管道公称直径的 12 倍。

（3）对于符合下列准则之一的系统，《工艺管道》（ASME B31.3—2004）不要求进行正规的应力分析；①该系统与已成功操作过的系统完全一样，或者从工作记录上看，是令人满意的系统的代替品；②该系统与以前分析过的系统比较，可以判定是足够满足要求的。

（4）管道的位移可以由膨胀弯头（包括圈形、U 形、L 形和 Z 形管）、旋转接头或者膨胀波纹管来解决。但海上平台、模块工艺系统的管道位移，需要经过应力计算分析，通过弯头和调整支架位置解决。膨胀波纹管常常用于发动机排气系统和其他低压系统。

4. 管道支吊架位置的确定

管道支吊架的设置，通常应根据管径、管道形状、阀门和管件位置以及可以生根的部位等因素确定，具体体现在以下几方面。

（1）靠近管系的两端，当管系与设备相连接时，尽量靠近设备管嘴，以减少其受力。

（2）管系中有阀门、小型管道设备等集中载荷时，应设在集中载荷的附近。

（3）弯管附近，大直径三通式分支管处附近。

（4）管系有垂直管段时宜在垂直管段上部或下部设承重支架，垂直管段很长，中间应设导向支架。

（5）尽可能利用建筑物、平台结构梁、柱设支架的生根结构，且不使梁柱弯曲变形。

（6）检查附近的管道，看是否可以合用一个管架。

（7）支吊架位置，不妨碍管洗与设备的连接和检修。不设在需要经常拆卸、清洗和维修的部位上。

（8）管道最大允许跨距。通过查手册可得出不保温管道最大允许跨距、保温管道最大允许跨距、玻璃钢管的最大允许跨距和铜镍合金管的最大允许跨距。

（9）管道最大导向间距的确定。当对管道需要考虑约束由风载、地震、温度变形等引起的横向位移，或要避免因不平衡内压、热胀推力及支承点摩擦力造成管段轴向失稳时，应设置必要的导向架，并限制最大导向间距。水平管段的导向间距（图 7-2）按表 7-8 选用，垂直管段的导向间距按表 7-9 选用。

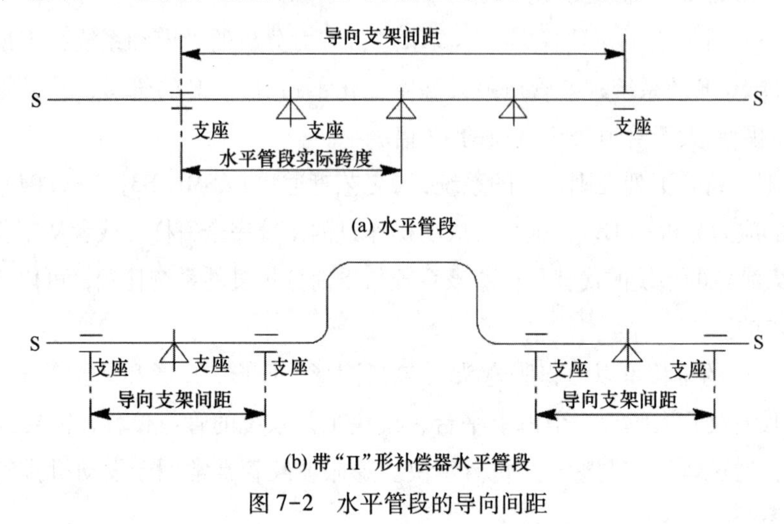

图 7-2　水平管段的导向间距

表 7-8　水平管段的导向间距

公称直径/in	导向支架最大间距/m	公称直径/in	导向支架最大间距/m
1	12.7	10	30.5
1 ½	13.7	12	33.5
2	15.2	14	36.6
2 ½	18.3	16	38.1
3	19.8	18	41.4
4	22.9	20	42.7
6	24.4	24	45.7
8	27.4		

表 7-9　垂直管段的导向间距

公称直径/in	1/2	3/4	1	1½	2	3	4	6	8	10	12	14	16	24
最大间距/m	3.5	4	4.5	5.5	6	7	8	9	10	11	12	13	14	16

（10）确定管道支吊架位置的要点：①要满足管道最大允许跨度的要求；②在有集中荷载时，支架要布置在靠近荷载的地方，以减少偏心荷载和弯曲应力；③在敏感设备（泵、压缩机等）附近，应设置支架，以防管道荷载作用于设备管嘴；④往复式压缩机的吸入或排出管道以及其他有强烈振动的管道，宜单独设置支架（支架生根于甲板结构上的管墩、管架上）；⑤承重支架应安装在靠近设备管嘴处，

以减少管嘴受力。如果管道重量过重，一个承重支架承重有困难时，可增设一个弹簧承重支架；⑥对于复杂的管系，尤其需要做较精确的热应力计算，宜按下面步骤设置支架：第一步，将复杂管系用固定支架或导向支架划分为几个较为简单的管段；第二步，在集中荷载点附近配置支架；第三步，按规定的最大允许跨距设置其余支架；第四步，进行热应力核算，根据核算结果调整支吊架的位置。

7.6 管道的隔热与伴热

海洋平台面积大，工作场所多，有露天区域、生活楼居住处所，也有甲板以下舱室，为了保障平台的正常生产生活，某些区域的管路系统必须进行隔热与伴热。管路系统穿过露天区域，则在冬季需要保温防冻，穿过生活楼区域，需要隔热、隔冷，避免影响生活楼内人员的正常工作。

7.6.1 隔热与伴热定义

1. 保温与保冷的定义

对常温以上至850℃以下的管道，在管道外部覆盖保温材料以减少散热或降低其表面温度为目的的措施叫保温。

对常温以下的管道，在管道外部覆盖保温材料以减少外部热量向内部传入，且使表面温度保持在露点以上，不使外表面结露为目的而采取的措施叫保冷；对0℃以上，常温以下的管道，为防止其外表面结露而采取的措施叫防露，又叫保冷。

2. 隔热的目的

隔热的目的如下：①减少管道及其组成件工作过程中的热量或冷量损失，以节约能源；②减少生产过程中介质的温降或温升，以利于生产过程的良好运行；③避免、限制或延迟管道内介质凝固、冻结，以维持正常生产；④降低或维持工作环境温度，以改善劳动条件、防止操作人员烫伤；⑤防止管道及其组成件表面结露。

3. 伴热

伴热是为了维持管内介质在输送过程或停输期间所需的操作温度而进行的加热调节工艺过程。

伴热常用的有伴管、夹套管和电伴热带3种方式，其伴热介质有热水、蒸汽、热油和电能。海上平台由于受空间限制而多采用电伴热。

电伴热安全可靠、施工方便、日常维修工作量少；能量的有效利用率高，操作费用低；所维持的温度可以有效地进行控制，以防止管道介质温度过热。电伴热方式有感应加热法、直接通电法、电阻加热法。

7.6.2　常用隔热材料

以减少热量损失为目的，在平均温度 350℃，其导热系数小于 0.12 W/（m · K）的材料，称为保温材料。

1. 技术性能与适用范围

1）保温材料应具有的主要技术性能

（1）导热系数小。导热系数是衡量材料或制品隔热性能的重要指标，它与热损失成正比关系。导热系数是选择经济保温材料的两个因素之一。

（2）密度小。保温材料或制品的密度是衡量其隔热性能的又一主要指标，与隔热性能关系密切。就一般材料而言，密度越小，其导热系数值也越小。

（3）抗压或抗折强度（机械强度）。同一组成的材料和制品，其机械强度与密度有密切关系。密度增加，机械强度增加，导热系数也增大。一般保温材料或制品，在其上覆盖保护层后，在下列情况下不应产生残余变形：①承受保温材料自重时；②将梯子靠在保温管道上进行操作时；③表面受到轻微敲打或碰撞时；④承受当地最大风荷载时；⑤承受冰雪荷载时。

（4）安全使用温度范围。保温材料的最高安全使用温度或温度范围应符合表 7-10 的规定，并略高于保温对象表面的设计温度。

表 7-10　隔热材料及其制品主要性能表

<table>
<tr><th>材料名称</th><th colspan="2">使用密度
/（kg · m^{-3}）</th><th>推荐使用
温度/℃</th><th>常温导热系数 λ_0
/[W ·（m · ℃）$^{-1}$]</th><th>导热系数参考方程 λ
/[W ·（m · ℃）$^{-1}$]</th><th>抗压强度
/MPa</th></tr>
<tr><td rowspan="3">硅酸钙</td><td colspan="2">170</td><td rowspan="3">≤550</td><td>≤0.05</td><td rowspan="3">$\lambda=\lambda_0+0.000\ 116\ t_m$</td><td>0.4</td></tr>
<tr><td colspan="2">220</td><td>≤0.062</td><td>0.5</td></tr>
<tr><td colspan="2">240</td><td>≤0.064</td><td>0.5</td></tr>
<tr><td rowspan="4">矿渣棉</td><td rowspan="3">板</td><td>80</td><td rowspan="4">≤250</td><td>≤0.044</td><td rowspan="4">$\lambda=\lambda_0+0.000\ 18\ t_m$</td><td rowspan="4"></td></tr>
<tr><td>100~120</td><td>≤0.046</td></tr>
<tr><td>150~160</td><td>≤0.048</td></tr>
<tr><td>管</td><td>≤200</td><td>≤0.044</td></tr>
</table>

续表

材料名称		使用密度/$(kg \cdot m^{-3})$	推荐使用温度/℃	常温导热系数 λ_0 /$[W \cdot (m \cdot ℃)^{-1}]$	导热系数参考方程 λ /$[W \cdot (m \cdot ℃)^{-1}]$	抗压强度/MPa
玻璃纤维	板	48	≤300	≤0.05	$\lambda=\lambda_0+0.000\ 11\ t_m$	
		64~120		≤0.062		
	管	≥45		≤0.064		
泡沫玻璃		150	-196	≤0.06	$\lambda=\lambda_0+0.000\ 22\ t_m$	0.5
		180	-400	≤0.064		0.7

（5）非燃烧性。使用的保温材料应为非燃烧材料。

（6）化学性能符合要求。化学性能一般是指保温材料对保温对象的腐蚀性，由保温对象泄漏出来的流体对保温材料的化学反应以及环境流体（大气）对保温材料的腐蚀性等。用于碳素钢管道的保温材料的 pH 值应符合表 7-11 的规定。用于奥氏体不锈钢管道的保温材料中氯离子、钠离子和硅酸根离子的含量应符合 ASMEC 795 的可溶性 Cl^- 与（Na^+、SiO_3^{2-}）离子含量的相关图规定。用于铝制管道的保温，不可使用碱性材料。

表 7-11　保温材料的 pH 值

材料名称	硅酸钙	泡沫玻璃	玻璃纤维	矿渣棉
pH 值	8~10.5	7~8	8~10.5	7~11

2）保冷材料

保冷材料的主要技术性能与保温材料相同。由于保冷的热流方向与保温相反，保冷层外侧蒸汽压大于内侧，蒸汽易于渗入保冷层，致使保冷层内部产生凝结水或结冰。

保冷材料或制品中含的水分，不仅无法除掉还会致使材料的导热系数增大，甚至结构被破坏，因此，保冷材料应为闭孔型材料，材料的吸水率、吸湿率低，透气率低，并具有良好的抗冻性，在低温下物理性稳定，可长期使用。其主要技术指标如下：①27℃时导热系数 $\lambda \leq 0.064$ W/（m·℃）；②密度小于或等于 200 kg/m^3；③含水率小于或等于 1.0%（质量分数）；④材料应为非燃烧性或阻燃性，阻燃性保冷材料及其制品的氧指数应不小于 30。

（1）保护层。隔热结构的外保护层的主要作用是：①防止外力损坏隔热层；②防止雨、雪水的侵袭；③美化隔热结构的外观；④对保冷结构有防潮气的作用。

因而，保护层应具有严密的防水防潮性能、良好的化学稳定性和不燃性、强度高、不易开裂、不易老化等性能。

（2）防潮层材料。①抗蒸汽渗透性好，防潮、防水力强、吸水率不应大于1%，化学性能稳定、挥发物不得大于30%，无毒且耐腐蚀，同时不得对隔热层和保护层产生腐蚀或溶解作用；②应具有阻燃性、自熄性；③黏结及密封性能好，20℃时黏结强度不低于0.15 MPa；④安全使用温度范围大，有一定的耐温性，软化温度不低于65℃，夏季不软化、不起泡、不流淌，有一定的抗冻性，冬季不脆化、不开裂、不脱落；⑤干燥时间短，在常温下能使用，施工方便。

2. 隔热设计基本原则

（1）外表面温度大于50℃需要保温；表面温度小于或等于50℃但工艺需要保温的管道也要保温。

（2）介质凝点或冰点高于环境温度的管道。

（3）表面温度等于或大于60℃的不保温管道，需要经常维护又无法采用其他措施防止烫伤的部位，如距甲板面或操作平台面高2.1 m以内以及距操作面小于0.75 m范围内，均应设防烫伤保温。

（4）温度超过204℃（400°F）的管道表面应该保护，以防止液态烃飞溅其表面。

（5）温度超过482℃（900°F）的管道表面应保护，以防止可燃性气体接触其表面。

（6）需要减少冷介质在生产或输送过程中温升或气化的管道。

（7）需要减少冷介质在生产或输送过程中冷量损失的管道。

（8）需要防止在环境温度下，管道外表面凝露的管道。

3. 隔热层最小厚度

典型保冷层厚度见表7-12，典型保温层厚度见表7-13，典型适用于不同热表面温度范围的防烫隔热层厚度见表7-14。

表7-12　典型保冷层厚度

公称管径	最低温度/℃						
/in	4	-1	-7	-12	-18	-23	-29
1/2	25	25	40	40	40	50	50
3/4	25	25	40	40	50	50	50

续表

公称管径/in	最低温度/℃						
	4	-1	-7	-12	-18	-23	-29
1	25	25	40	40	50	50	50
1½	25	40	40	40	50	50	65
2	25	40	40	50	50	50	65
2½	25	40	40	50	50	65	65
3	25	40	40	50	50	65	65
4	25	40	40	50	65	65	65
6	25	40	50	50	65	65	75
8	40	40	50	50	65	75	75
10	40	40	50	65	65	75	75
12	40	40	50	65	65	75	75
14	40	40	50	65	65	75	75
16	40	40	50	65	65	75	90
18	40	40	50	65	75	75	90
20	40	40	50	65	75	75	90
24	40	40	50	65	75	75	90
30	40	40	50	65	75	75	90
平表面	40	40	50	65	75	90	100

表 7-13 典型保温层厚度

最高温度/℃	公称管径/in							
	1½	2	3	4	6	8	10	12
121	25	25	25	40	40	40	40	40
260	25	40	40	40	50	50	50	50
316	40	40	50	50	50	50	65	65
399	50	50	50	50	65	75	75	75

表 7-14 典型适用于不同热表面温度范围的防烫隔热层厚度

公称管径	隔热层厚度/mm						
/in	25	40	50	65	75	90	100
1/2	71~388	388~560	560~649	—	—	—	—
3/4	71~338	338~504	505~649	—	—	—	—
1	71~377	377~516	516~649	—	—	—	—
1½	71~349	349~471	427~649	—	—	—	—
2	71~338	338~466	466~588	—	—	—	—
2½	71~327	327~516	516~627	588~649	—	—	—
3	71~316	316~432	433~538	538~649	—	—	—
4	71~316	316~421	422~520	520~607	608~650	—	—
6	71~288	288~393	394~499	499~588	588~649	—	—
8	—	71~393	394~482	483~588	588~649	—	—
10	—	71~399	399~482	483~571	572~649	—	—
12	—	71~393	394~482	483~554	555~632	633~649	—
14	—	71~371	372~454	455~538	538~610	611~649	—
16	—	71~366	366~449	449~527	527~604	605~649	—
18	—	71~366	366~443	444~521	522~593	594~649	—
20	—	71~366	366~277	444~521	522~593	594~649	—
24	—	71~360	361~271	438~516	516~588	588~649	—
30	—	71~343	361~266	433~510	511~582	583~649	—
平表面	71~271	161~349	349~421	422~482	483~543	544~604	605~649

7.7 液压试验、密性试验及吹除与清洗

管道系统试验包括为检查管道系统力学性能而进行的强度试验，检查管道系统连接质量的严密性试验和基于防火安全考虑而进行的渗透试验等。按试验时使用的介质可分为用液体做介质的液压试验和用空气或惰性气体做介质的气压试验。在设计和结构允许的情况下，一般采用水压试验，这样既相对安全又比较经济，当因介质特性或设计结构或其他原因而不能进行水压试验时，可用气压试验代替。中国船级社《海上移动平台入级规范》中做出如下具体要求与规定。

7.7.1 安装平台前的试验

所有Ⅰ级和Ⅱ级管系用管以及设计压力大于0.3 MPa的蒸汽管、给水管、压缩空气管和燃油管连同它们的附件一起，在制造完工后包扎隔热材料或涂上涂层之前，均应经液压试验。

液体压力试验时，应打开管道系统内各高处的排气阀，将其空气排净。待水灌满后，关闭排气阀和进水阀，用试压泵加压。压力应分级缓慢升高，加到一定数值后，应停下来对管道进行检查，无问题时再继续升压。达到试验压力后，停压10 min或10 min以上，对管道系统进行检查，如未发现泄漏现象，压力表指针也不下降，且管道无变形，则可认为强度试验合格。然后，把压力降至设计压力停压30 min，进行严密性试验。在试验压力保持时间内，管道焊接接头、螺纹连接接头、法兰连接接头等处未发现泄漏现象，压力表指针不下降，则可认为严密性试验合格。

下列设备应该试验到设计压力，然后应隔离：①指针式压力表，当试验压力将超过压力表量程范围的时候应隔离；②外浮子式液面关闭装置和控制器，当浮子的试验压力没有规定时，浮子应试验到设计压力，然后将浮箱与系统隔离开；③试验期间，止回阀应该保持常开，关断和排放两用球阀应该打开1/2。

管道系统试压合格后，应缓慢降压。试验介质宜在室外合适地点排净，排放时应考虑反冲力作用及安全环保要求。试验完毕应及时拆除试验用的临时盲板、膨胀节限位设施，校对记录，并填写管道试压记录。

所有材料用管及管件的液压试验的试验压力 P_S，应不低于下式计算之值：

$$P_S = 1.5P$$

式中，P 为设计压力，MPa。

当设计温度超过300℃时，所使用的碳钢和低合金钢管及管件的试验压力计算公式如下。

（1）对碳钢和碳锰钢管，试验压力 P_S：

$$P_S = 2P$$

（2）对合金钢管，试验压力 P_S 不低于下式计算之值，但不必超过 $2P$。

$$P_S = 1.5P\ [\sigma]_{100} / \ [\sigma]_t$$

式中，P 为设计压力，MPa；$[\sigma]_{100}$ 为100℃时的许用应力，N/mm^2；$[\sigma]_t$ 为设计温度下的许用应力，N/mm^2。

为了避免在弯曲处和支管处产生过大的应力，上述试验压力可以减小到 $1.5P$。在试验温度下，薄膜应力应不超过屈服点的90%。

当管路的液压试验在平台进行时，可以和装平台后的密性试验一起进行。

内径小于 15 mm 的管子的液压试验，经中国船级社同意可以免除。

如果由于技术原因，在安装平台前无法对管路的各段进行完整的液压试验，可对所有管路的闭合长度做试验，应特别注意闭合处的接缝。

7.7.2 安装平台后的试验

所有管路在平台上安装完毕在进行液压试验之前，应进行冲洗以清除管路内部的油污和杂质。

所有管系均应在工作情况下检查泄漏情况。

燃油管系、油舱加热管系、通过双层底舱或深舱的舱底水管路以及液压管系，在平台上安装后的液压试验应按照表 7-15 的要求进行。

表 7-15 装平台后的液压试验

管系	试验压力
燃油管系、滑油管系及其他可燃油气管系	1.5 倍设计压力，但不必小于 0.4 MPa
油舱加热管系	
蒸汽管系、给水管系及压缩空气管系	
液压管系	1.5 倍设计压力，但不必超过设计压力加 7 MPa

当Ⅰ级和Ⅱ级管系在平台上安装过程中采用对接焊连接时，则在焊接后应进行装平台前要求的液压试验。在安装过程中和液压试验之前，除接头处外，管段可以包扎隔热材料。

如果上述对接焊焊缝的整个圆周均经超声波或射线检测并取得良好结果，则装平台后的液压试验可以免除。

7.7.3 气体泄漏性试验

当不适宜水压试验时，如对仪表风、加热液体和制冷系统的试验，应按照《工艺管道》（ASME B31.3—2004）的要求进行气体泄漏性试验。由于气体泄漏性试验引起了不安全因素，在试验过程中应该采取专门的预防措施，在试验过程中应该注意监视。只能应用空气或氮气（无论用或不用示踪剂）作为试验介质。每个试验系统尽可能保持小些。

试验压力为最大设计压力的 1.1 倍。为预防脆性破裂的危险，在试验过程中，所有构件的最小金属温度是 15.6℃（60°F）。

气体泄漏性试验应在压力试验合格后进行，试验介质宜采用空气。气体泄漏性试验要重点检查阀门填料函、法兰、螺纹连接处、放空阀、排气阀及排水阀等可能的泄漏点。经气体压力试验合格，且在试验后未经拆卸的管道，一般可不进行气体泄漏性试验，但业主有要求的除外。

气体泄漏性试验的试验压力应逐步缓慢增加到175 kPa（25 psig）（表压）以内，并且保持此压力，直到用高发泡溶液对各点检查完毕。如果没发现渗漏，再继续升压，直至最终达到试验压力停压10 min。然后把压力减到90%的试验压力，并保持一段足够长的时间，以使用高发泡溶液检查所有接头、焊缝和连接处，无泄漏为合格。

管道系统的气体泄漏性试验合格后，应及时缓慢泄压，并填写试验记录。

7.7.4 泵、阀和附件的液压试验

所有泵的受压部件在装配前应在车间进行液压试验，试验压力为1.5倍设计压力，但不必超过设计压力7 MPa。

离心泵的设计压力取性能曲线上的最大压头；容积式泵的设计压力取安全阀的调整压力。蒸汽驱动泵的蒸汽侧的试验压力为1.5倍工作蒸汽压力。

所有阀和附件的受压部件在装配前应在车间进行液压试验，其试验压力应为1.5倍设计压力，但不必超过设计压力7 MPa。

安装在载重线之下舷侧的阀件、旋塞和接管应进行试验压力不小于0.5 MPa的液压试验。

7.7.5 吹除与清洗

为保证管道系统内部的清洁，在管道系统压力试验合格后，应分段对其进行吹扫或清洗（以下简称“吹洗”）。管道系统的吹洗应根据管道的输送介质特性、使用要求以及管道内部的脏污程度采用人工清扫、水（洁净水）冲洗、蒸汽吹扫、空气吹扫等方法进行。吹扫的顺序一般应按主管、支管、疏排管依次进行，吹扫的脏物不得进入已清理合格的设备或管道系统内，也不得随地排放污染环境。

公称直径大于600 mm的液体或气体管道最好先进行手工清理，然后再分别进行水冲洗或压缩空气吹扫；公称直径小于24 in的液体管道一般采用水冲洗，公称直径小于600 mm的气体管道以及管道中积存水对运行有不利影响的液体管道采用压缩空气吹扫；蒸汽管道采用蒸汽吹扫。需要注意的是，对于设计上未考虑膨胀因素影响的管道不允许采用蒸汽吹扫。

管道吹扫之前，应把经审查批准后的吹扫方案，向参与吹扫的人员进行技术交

底。吹扫前，系统内不应安装孔板和法兰连接的调节阀、截流阀、重要阀门、喷嘴、安全阀和仪表件等组成件，对于焊接在管道上的上述阀门以及仪表等管道组成件应采取流经旁路或卸掉阀头及阀座加保护套等措施予以保护，待吹扫后恢复原样。不允许参与吹扫的设备、管道应与吹扫系统隔离；管道支、吊架要牢固，必要时予以加固。

管道吹扫时应有足够的流量，吹扫压力不得超过设备和容器的设计压力。

1. 水冲洗

一般情况下，输送液体介质的管道多采用水冲洗的方法。当不能用水冲洗或水冲洗不能满足清洁度要求时，可用空气进行吹扫。

水冲洗管道应采用洁净水进行，冲洗奥氏体不锈钢管道时，水中的氯离子含量应限制在 25 μg/g。水冲洗应连续进行，并且应以可能达到的最大流量进行冲洗，流速不得小于 1.5 m/s；排放水管应引入可靠的排水井或沟中，并保证排泄物的畅通和安全，其截面积不得小于被冲洗管截面积的 60%，排水时不得形成负压。管道冲洗后应将水排净，并用压缩空气吹干。

当设计未规定清洁度要求时，水冲洗后的管道系统出口的水色和透明度与入口处目测一致就为合格。

2. 空气吹扫

输送气体介质的管道一般采用空气进行吹扫。当用其他气体吹扫时，要采取安全措施。

空气吹扫宜利用生产装置的大型压缩机和大型储气罐进行间断性吹扫。吹扫时应以最大流量进行。空气流速不得低于 20 m/s。吹扫忌油管道的气体不得含油。

吹除过程中，当目测排气无烟尘时，在排气口设置贴白布或白漆的靶板进行检查，在 5 min 内靶板上无铁锈、尘土、水分及其他杂物为合格。

思考题

1. 简述管系设计的基本要求。
2. 简述管系初步设计需要考虑的因素。
3. 简述管系的防腐蚀措施。
4. 简述管系的隔热包扎措施。
5. 简述管子材料的选择要求。
6. 简述安装平台前管系的试验。

参考文献

蔡军,黄荣富,陈勇. 2007. 舰艇水污染现状分析与防治措施[J]. 船海工程,36(2).
程向新,任威,宋修福,等. 2013. 船舶含油污水动态旋流分离器的结构设计研究[J]. 船舶工程,35(5).
崔建伟. 2010. 船舶舱底含油污水处理技术研究[D]. 上海:上海交通大学.
董利军,李德堂. 2010. 从“渤海二号”沉船事件论海洋平台设计的规范性[J]. 中国造船,(S1).
方华灿. 1990. 海洋石油钻采设备与结构[M]. 北京:石油工业出版社.
《海洋石油工程设计指南》编委会. 2007. 海洋石油工程设计概论与工艺设计[M]. 北京:石油工业出版社.
胡晗,李德堂. 2010. 海洋石油“281”平台防海生物系统的设计[J]. 中国造船,(S1).
黄恒祥. 1999. 船舶设计实用手册——轮机分册[M]. 北京:国防工业出版社.
孔祥鼎,夏炳仁. 1993. 海洋平台建造工艺[M]. 北京:人民交通出版社.
李莹,周晓军,叶熙. 2008. 旋流分离技术在机舱底水处理中应用[J]. 船舶工程,30(2).
蔺爱国,刘培勇,刘刚,等. 2006. 膜分离技术在油田含油污水处理中的应用研究进展[J]. 工业水处理,26(1).
刘沣瑶,李德堂. 2010. 海洋石油“281”平台油污水收集及处理系统设计[J]. 中国造船,(S1).
刘国强,王铎,王立国,等. 2007. 膜技术处理含油废水的研究[J]. 膜科学与技术,27(1).
刘洪,郭清,胡攀峰. 2007. 国内外液-液旋流分离器研究进展[J]. 钻采工艺,30(3).
马如中,何丽君,张百祁. 2010. 15 mg/L 舱底水分离器处理重油及乳化油的技术探讨[J]. 船海工程,39(6).
潘锦成. 2011. 船舶压载水处理技术及处理系统方案研究[J]. 上海造船,(2).
童辛,等. 1988. 船舶管路实用手册[M]. 北京:国防工业出版社.
肖祖骥,罗建勋,等. 1994. 海上油田油气集输工程[M]. 北京:石油工业出版社.
闫晓燕,李德堂. 2015. 海洋石油“281”平台舱底水系统的设计与计算[J]. 中国水运(下半月),(11).
杨琳,梁政. 2007. 液-液水力旋流器油水乳化机理研究[J]. 石油机械,35(12).
杨元晖,陈羽. 2005. 船用油污水分离装置现状及发展[J]. 机电设备,24(3).
袁惠新,余建峰,王跃进,等. 2000. 含油污水除油用旋流器的研究[J]. 石油机械,28(6).
袁惠新,余建峰,王跃进,等. 2000. 用旋流分离器处理含油污水的前景[J]. 炼油设计,30(5).
曾宪锦. 1993. 海上油气田生产系统[M]. 北京:石油工业出版社.

周程生,李品芳,黄凯旋 . 2003. 旋流器在船舶舱底含油污水分离中的应用[J]. 交通环保,24(3).
IMO. 2004. 国际船舶压载水和沉积物控制管理公约[S].
Thew M T. 1986. Hydrocyclone Redesign for Liquid-Liquid Separation[J]. Chemicial Engineer, (427): 17-23.
W. J . Graff. 1981. Introduction to Offshore Structures[M]. Houston:Gulf publishing Company.